예민한 아이를 키우는
엄마의 불안이
사라지는
책

예민한 아이를 키우는
엄마의 불안이
사라지는
책

예민한 아이 다섯 명을 키운
육아 컨설턴트 엄마의
육아법

나가오카 마이코 지음
이효진 옮김

시프

머리말

세상에는 다른 사람들보다 훨씬 예민하고 섬세하며 쉽게 상처받는 기질을 가진 아이가 있습니다. 이 책을 보고 있는 독자분들도 아이의 다음과 같은 반응에 당황하고 있지 않나요?

- ☐ 별일 아닌 일에도 마치 누가 때리기라도 한 것처럼 울음을 멈추지 않는다.
- ☐ 처음 가는 장소나 모르는 사람을 지나치게 두려워한다.
- ☐ 어린이 프로그램에 나오는 인형 탈을 쓴 사람을 무서워하며

울음을 터뜨린다.

- □ 옷에 달린 상표나 바느질 솔기의 감촉을 불편해한다.
- □ 다른 사람이 혼나는 모습을 보면 마치 내 일처럼 동요한다.

해당하는 항목이 많다면 어쩌면 아이가 **HSC(Highly Sensitive Child)**라고 불리는 **매우 예민한 아이**일지도 모릅니다.

저는 아이의 주체성을 키우고 부모가 편해지는 육아 정보와 관련 강의를 제공하는 '유아 육아스튜디오'의 운영자 나가오카 마이코라고 합니다. '올어바웃'(일본의 종합 정보 사이트)이나 'It Mama'(일본의 육아 정보 사이트) 등의 미디어에 기고한 기사를 읽은 분들도 계실지 모르겠습니다.

사실 우리 집 다섯 아이도 예민한 아이입니다.

첫째는 울음을 달고 사는 아이였습니다. 안는 방법, 안는 타이밍, 주변 소리, 온도, 피부에 닿는 촉감 등 사소한 차이에도 일일이 반응하고 마치 누가 때리기라도 한 것처럼 멈출 줄 모르고 울었습니다. 조금 크고 나서도 허구한 날 울었어요. 공원에 있는 미끄럼틀이 높다고 울고, 어딘가에 몸을 가볍게 부딪쳐도 울고, 친구가 울고 있으면 따라 울었습니다. 친구와 함께 보던 어린이 프로그램에 나오는 악당이 무서워서 TV를 끄고 혼자 담요를 뒤집어쓴 채 운 적도 있습니다.

둘째는 다른 사람의 시선에 예민하게 반응했고 공감능력도 뛰어나 유아기 때부터 그림책이나 영화를 보고 종종 울었습니다. 악몽을 꿀까봐 두려워서 밤이 되면 "안 잘 거야"라고 말하며 저를 당황시켰지요. 열네 살 때 했던 **HSP(Highly Sensitive Person, 매우 예민한 사람)** 자가진단 테스트에서는 거의 만점을 받았습니다.

셋째는 완벽주의 성향이 있어 조금이라도 마음에 들지 않는 일이 있으면 심하게 짜증을 내거나 얼굴이 시뻘게져서 한 시간 동안 울기도 합니다. 색칠 놀이를 할 때 조금이라도 삐져나오거나 종이접기 할 때 모서리가 잘 안 맞으면 못 견뎌 했습니다. 셋째가 두 살 무렵, 제가 바나나 껍질을 벗기다 잘못해서 부러졌는데 그때 세상이 끝난 것처럼 소리치며 울었고 울음이 반나절 정도 이어졌습니다.

넷째는 낯가림이 심해서 유치원 선생님께서 "필요한 말만 해요"라는 이야기를 하기도 했습니다. 주변에서 누가 엄한 말투로 혼내면 혼자 숨어서 우는 예민한 아이였습니다.

막내는 다섯 아이 중에서도 가장 예민했습니다. 시각, 청각, 촉각, 미각, 후각 모두 다른 아이들보다 월등히 예민해 일곱 살 때는 너무 시끄럽다는 이유로 유치원에 못 갔을 정도예요. 수개월 동안 가기 싫다는 말을 반복했고 결국에는 목이나 팔, 몸 전체가 움직일 정도로 심각한 틱 장애가 발생했습니다. 등교도 초등학교 1학년까지는 저와 함께 했습니다.

막내가 태어났을 때 첫째는 아홉 살이었습니다. 그 밑으로는 일곱 살, 다섯 살, 두 살이었습니다. 아이가 다섯이나 있으면 그저 보살피는 것만으로도 힘든데 모두 다른 아이보다 예민한 기질을 갖고 태어나서 별일 아닌 일에도 울거나 짜증을 냈고, 맛이나 냄새에도 예민하게 굴었습니다. 저는 매일 너무 지쳐 녹초가 되었습니다.

우리 아이들은 왜 이렇게 키우기 힘들까?
내 육아 방식이 잘못된 걸까?

당시 저는 아이들의 예민함을 부정적으로만 생각했고 가끔 아이들에게 모질게 대하기도 했습니다. 그랬던 제가 변하기 시작한 것은 당시 살던 미국 알래스카주에서 아이들이 영재 인증을 받아 영재 프로그램에 참여하면서 **과흥분성Overexcitability**이라는 개념을 접하고부터입니다.

보통 영재라고 하면 10대 초반에 유명 대학에 합격하는 등 평범한 아이들보다 높은 지적 능력이 있는 사람이라고 생각하는 경우가 많은데 실제로는 더 다양한 특징이 있습니다.

'과흥분성'이라고 불리는 **예민한 감각**도 그중 하나입니다. 주변에서 발생하는 일에 다른 사람들보다 더 강하게 자극을 느끼기 때문에 분노, 두려움, 즐거움, 슬픔의 감정 변화도 훨씬 강하게 나타납니다.

우리 아이들은 모두 과흥분성이 있는 아이였습니다. 과흥분성은 하나의 기질이자 특징이고 과흥분성이 있는 아이가 적지 않다는 사실을 알고 나니 마음이 편해졌습니다.

과흥분성이라는 특성을 세상에 알린 폴란드 심리학자이자 정신건강의학과 의사인 카지미에시 동브로프스키Kazimierz Dabrowski는 "과흥분성으로 인해 발생하는 내면의 갈등이나 고통이야말로 사람을 성장시킨다"라고 말했습니다. 즉 예민함은 결코 아이들의 성장을 방해하는 요소가 아니라 오히려 아이의 성장을 촉진하는 요소가 될 수 있습니다. 동브로프스키의 이론을 접하고 난 뒤 저는 아이의 예민함을 부정적으로만 바라보던 태도를 바꾸고 좋은 면을 보기로 했습니다.

또 하나 저에게 많은 영향을 끼친 책은 심리학자 일레인 애런Elaine N. Aron 박사의 저서 《까다롭고 예민한 내 아이, 어떻게 키울까?》*The Highly Sensitive Child*였습니다.

이 책에서 **HSC(매우 예민한 아이)**나 **HSP(매우 예민한 사람)**라는 개념을 접하고 애런 박사의 논문 등을 읽으면서, 애런 박사가 과흥분성과 HSC와 HSP의 예민함을 동일 선상에 놓고 바라본다는 사실을 알게 되었습니다. 과흥분성은 HSC와 HSP의 특징이기도 합니다. 이러한 사실을 알게 되면서 아이들의 예민함에 대한 의문이 조금씩 풀리기 시작했습니다.

예민함은 선물입니다.

저의 인식이 바뀌니 아이들의 행동이 이해되고 더욱 편하게 아이들을 대할 수 있게 되었습니다. 그러고 나니 이제 '그렇다면 예민한 아이를 건강하게 키우려면 어떻게 해야 할까?'라는 질문의 답을 찾기 위해 고심하게 되더군요. **우리 가족은 이러한 과흥분성과 HSC라는 개념을 통해 아이의 예민함을 이해하고 아이의 반응에 적절하게 대처하는 방법을 조금씩 익히고 실천하면서 생활이 편해지기 시작했습니다.** 하루하루를 더 즐거운 마음으로 보낼 수 있게 되었습니다.

'신경질적이다' '주변을 지나치게 의식한다' '수줍음이 많다' '과장된 행동이나 반응을 보인다' '소극적이다' '내성적이다' '겁이 많다' '낯가림이 심하다' 등 예민한 기질은 부정적으로 인식되는 경우가 많습니다. 과흥분성과 매우 예민한 아이라는 개념은 예민함의 긍정적인 면을 이해하는 데 도움이 됩니다.

예민한 기질을 긍정적으로 보면 호기심이 왕성하고 감수성이 풍부하다고 말할 수 있습니다. 예를 들어 그러한 기질을 가진 아이는 아무도 신경 쓰지 않는 길가의 들꽃에 마음을 빼앗겨 그 꽃에 대해 더 자세히 알아보고 그림으로 남기고 싶다고 생각하기도 합니다. 모든 일에 대해 크게 마음이 흔들리고 생각에 잠겨서 탐색하고 분석하고 표현하며 자연스레 능력이나 감성을 갈고닦을 수 있지요. **풍부한**

감수성은 능력이나 정서를 성장시키는 원동력입니다. 예민한 아이는 이렇게 풍부한 감수성을 가지고 태어난 아이들입니다.

예민한 아이가 주변에서 발생하는 일이나 상황을 어떻게 받아들이는지 알기 쉽게 표현한 시를 소개하겠습니다. 소설《대지》로 유명한 노벨문학상 수상 작가 펄 벅Pearl S. Buck의 시로, 과흥분성을 설명할 때 자주 인용됩니다.

그들에게
접촉은 강타
소리는 소음
불운은 비극
기쁨은 황홀경
친구는 사랑하는 사람
사랑하는 사람은 신
실패는 죽음

예민한 아이는 이 시에서 묘사하는 것처럼 모든 것을 다른 사람보다 더 강렬하게 느끼기 때문에 몇 배나 더 쉽게 지치고 우울해집니다. 다른 사람들과 다르게 느끼는 자신을 이상하다고 생각해 자주 고민하고 자책하기 때문에 사는 것이 힘들다고 느낄 때가 많습니다.

예민한 아이를 키울 때는 우선 이러한 기질을 가지고 태어났다는 사실을 이해하고 예민함의 긍정적인 측면을 인정해주는 것이 중요합니다. 주변 환경을 편안하게 만들고, 힘들다고 느끼는 원인에 대처하는 능력을 키울 수 있는 육아법을 고민해야 합니다. 예민한 아이에게는 아이를 위하는 마음에서 나오는 일반적인 훈육이 오히려 부정적으로 작용하는 경우가 많습니다.

이 책에는 예민한 아이를 키울 때 주의점이 담겨 있습니다. 누구라도 구체적으로 실천할 수 있도록 각각 다른 예민함을 가진 저의 다섯 아이를 비롯해 지금까지 만난 다양한 연령대, 다른 문화적 배경을 가진 아이들의 사례와 국내외 연구 문헌을 바탕으로 정리했습니다. 예민한 아이의 육아가 조금이나마 즐거워질 수 있기를, 예민한 아이가 한 명이라도 더 사회에서 제대로 능력을 발휘할 수 있기를 진심으로 바랍니다.

차례

2 예민한 아이가 무럭무럭 자라는 9가지 육아법

3 예민한 아이를 주체적으로 키우는 육아법

4 예민한 아이의 육아가 편해지는 부모의 자기돌봄

1

예민한 아이를 이해하자

예민한 아이 자가 진단 체크리스트

'우리 아이는 정말 섬세한데 혹시 HSC는 아닐까?' 이렇게 생각하는 부모도 많을 것입니다. 머리말에서도 언급했듯이 HSC는 매우 예민한 아이, 즉 'Highly Sensitive Child'의 약자로 주변 상황에 예민하게 반응하는 아이를 말합니다. 성인이 되면 HSP, 즉 'Highly Sensitive Person'이 됩니다.

HSC나 HSP라는 말을 처음 사용한 미국의 심리학자 일레인 애런 박사는 저서 《까다롭고 예민한 내 아이, 어떻게 키울까?》에서 아이가 HSC인지 아닌지를 부모가 대략 판단할 수 있도록 체크리스트를 제시했습니다.

우선 자신의 아이가 어느 항목에 해당하는지 확인해보세요.

- [ ] 쉽게 놀란다.
- [ ] 옷에 달린 상표나 바느질 솔기, 원단 등이 몸에 닿는 것을 불편해한다.
- [ ] 깜짝 선물을 해도 그다지 좋아하지 않는다.
- [ ] 엄하게 혼내거나 벌을 줄 때보다도 조용히 타이를 때 더 잘 받아들인다.
- [ ] 내 마음을 읽고 있다고 느낄 때가 있다.
- [ ] 또래 아이들보다 어렵고 복잡한 말을 사용한다.
- [ ] 조금이라도 평소와 다른 냄새가 나면 바로 눈치챈다.
- [ ] 남다른 유머감각이 있다.
- [ ] 매우 직관적이다.
- [ ] 낮에 흥분하면 밤에 쉽게 잠들지 못한다.
- [ ] 큰 변화에 빠르게 대처하지 못하고 평소에 잘하던 일을 어려워하기도 한다.
- [ ] 옷이 젖거나 더러워지면 바로 갈아입으려 한다.
- [ ] 질문이 많다.
- [ ] 완벽주의 성향이 있다.
- [ ] 타인의 고통이나 슬픔을 잘 알아차린다.
- [ ] 정적인 놀이를 선호한다.

- □ 깊이 생각해야 답할 수 있는 질문을 한다.
- □ 시끄러운 장소를 싫어한다.
- □ 물건 위치나 사람의 외모 등 사소한 변화도 놓치지 않는다.
- □ 높은 곳에 올라가기 전에 안전한지 꼼꼼하게 확인한다.
- □ 낯선 사람이 옆에 있으면 실력을 잘 발휘하지 못한다.
- □ 사물이나 현상에 대해 마음속 깊이 느낀다.

_ 일레인 애런, 《까다롭고 예민한 내 아이, 어떻게 키울까?》에서 인용.

애런 박사는 전체 항목 중 13개 이상에 해당하면 매우 예민한 아이일 가능성이 높다고 합니다. 한편 13개 미만이더라도 그 정도가 심하다고 생각되는 항목이 여러 개 있다면 매우 예민한 아이일 수 있습니다.

애런 박사에 따르면 전체 인구의 15~20퍼센트 정도가 이렇게 선천적으로 예민한 기질을 가지고 태어난다고 합니다.

예민한 아이에게는 네 가지 특징이 있다

진단 결과는 어땠나요?

'우리 아이, 아무래도 매우 예민한 아이 같아…'라고 생각하는 사람도 있을 테고 아직 잘 모르겠다고 생각하는 사람도 있을 것입니다.

이제 매우 예민한 아이에 대해 더 자세히 알아보겠습니다.

애런 박사는 HSC와 HSP에는 네 가지 특징이 있다고 말합니다. 네 가지 특징은 영어 표현의 일부를 따서 'DOES'라고 부릅니다. 네 가지 특징에 모두 해당한다면 매우 예민한 아이일 가능성이 매우 큽니다.

매우 예민한 아이의 네 가지 특징 'DOES'

① 정보를 심도 있게 처리한다 Depth of Processing

매우 예민한 이들의 중요한 특징은 정보를 심도 있게 처리한다는 것입니다. 쉽게 설명하자면 **사물이나 상황에 대해 깊이 생각하고 느낀다는 의미**이지요. 그래서 아이의 질문이라고는 생각하기 어려운 본질적인 질문을 하거나 어른스러운 말을 하기도 합니다. 생각이 너무 많아 고민만 하고 정작 시작을 못하는 경우도 많습니다.

② 쉽게 강한 자극을 받는다 Easily Overstimulated

시각, 청각, 미각, 후각, 촉각 등 오감이 매우 예민한 것도 매우 예민한 이들의 특징입니다. 우리 집 아이들을 예로 들면, 막내는 빛에 민감해서 자주 눈부심을 느낍니다. 또 큰 소리를 너무 싫어해 유치원에도 다니지 못했습니다. 미각도 예민해서 다섯 아이 모두 싫어하는 맛이 있었습니다. 그릇이나 도시락 속에서 여러 음식이 섞이는 것도 싫어했습니다. 후각 역시 모든 아이가 예민했는데 놀랍게도 냄새로 기저귀 브랜드를 맞추기도 했습니다. 촉각도 예민해 옷에 달린 상표가 불편하다며 모두 잘라달라고 했습니다. 소매가 조인다느니 목둘레가 너무 파였다느니 이러쿵저러쿵 말이 많아서 한 번도 못 입힌 옷도 여러 벌 있습니다.

③ 감정이입을 잘하고 공감능력이 매우 뛰어나다

Emotional reactivity and Empathy

DOES의 E는 'Emotional'(감정적인)'과 'Empathy'(공감)입니다. 매우 예민한 이들은 **사람의 감정에 민감하게 반응하고 공감능력이 뛰어나며 감정이입을 잘한다**는 특징이 있습니다. 혼나고 있는 친구를 보면 마치 자신이 혼나는 것처럼 느껴 두려움에 눈물을 흘리기도 하고 다친 사람을 보면 자기가 더 심하게 울기도 합니다. 상대의 기분을 너무 잘 파악한 나머지 자신의 감정을 억누르고 상대에게 맞추려고 하기도 합니다. 밖에서 많이 참기 때문에 반대로 집에서는 심하게 짜증을 내기도 하지요.

④ 미세한 자극도 금방 알아차린다 Sensitive to Subtle Stimuli

섬세하고 예민한 감각을 가진 이들은 멀리 있는 새의 울음소리나 평소와 다른 향기, 색의 미세한 차이도 다른 사람들보다 빨리 알아차립니다. 대인관계에서도 상대의 목소리 톤이나 시선의 움직임, 사소한 행동 변화도 놓치지 않습니다. 매우 예민한 이들은 다른 사람이 대수롭지 않게 넘기는 자극을 매우 강렬하게 느끼지요.

우리 아이들은 어릴 때 바람이 강하게 부는 날을 싫어했고 그런 날에 외출하면 항상 울었습니다. 그때는 '이 정도 바람 때문에 우는 거야?'라는 생각이 들어 어이가 없기도 했고 지치기도 했지만 매우 예민한 아이의 특징을 알고 나서는 아이의 반응을 이해하게 되었습니다. 민감한 사람들은 언제 어디서나 오감이 예민하게 반응하기 때문에 자극이나 정보가 지나치게 강하거나 많으면 참는 데 한계를 느낍니다.

HSC와 HSP의 특징인 'DOES'를 이해함으로써 아이를 보는 관점도 조금씩 달라졌으면 합니다.

예민한 아이의 특징 'DOES'

D: Depth of Processing
- 남다른 유머 감각이 있다
- 지나치게 많은 가능성을 생각하기 때문에 쉽게 결정을 내리지 못한다 등

O: Easily Overstimulated
- 변화나 고통에 대한 반응이 극단적이다
- 더위나 추위, 신발 속 작은 돌, 젖거나 까끌까끌한 옷 등을 불편해한다 등

E: Emotional reactivity and Empathy
- 완벽주의 성향이 있거나 작은 실수에도 강하게 반응한다
- 당신의 마음을 읽는다 등

S: Sensitive to Subtle Stimuli
- 사람이나 장소의 미세한 특징 변화를 알아차린다(가구의 위치 변화 등)
- 목소리 톤, 곁눈질, 비웃음이나 소소한 격려 등도 빠르게 알아차린다 등

위에서 언급한 모든 특징이 다 나타나는 것은 아닙니다.

The Highly Sensitive Child: Author's Note, 2014에서 인용.

과흥분성에 대해서도 알아두자

왜 우리 아이는 이렇게 키우기 힘들까?
내 육아 방식이 어디가 잘못된 거지?

매우 예민한 아이들을 어떻게 대해야 할지 고민하던 날이 많았습니다. 여기에 큰 변화를 가져다준 계기가 머리말에서도 이야기했던 **과흥분성**이라는 개념이었습니다.

과흥분성이란 폴란드의 심리학자이자 정신건강의학과 의사인 카지미에시 동브로프스키가 많은 영재를 관찰하면서 주창한 개념입니다. 다른 사람들보다 훨씬 감각이 예민해서 선천적으로 주변의 사물이나 현상에서 오는 자극을 강하게 느끼고 강하게 반응하는 특성을 의미합니다.

과흥분성은 다음 5가지 영역으로 분류됩니다. 하나의 영역, 또는 여러 영역에 해당한다면 그 아이는 과흥분성을 타고났다고 할 수 있습니다.

과흥분성의 5가지 영역

① 감각적Sensual 과흥분성

보고 듣고 냄새를 맡고 맛보고 만지는 감각적인 일에 강한 쾌감 또는 불쾌감을 느껴 주변 사람들이 지나치다고 느낄 정도로 강렬하게 반응할 때가 있습니다. 아름다운 물건, 소리, 형태, 색 등을 보면 크게 기뻐합니다. 옷에 달린 상표, 교실 속 잡음, 카페에서 나는 소리 등을 거슬려 하고 학교 과제에 집중하지 못하기도 합니다.

② 심체적Psychomotor 과흥분성

신체적 또는 정신적으로 에너지가 넘치는 상태. 신체적으로는 움직이기를 좋아하고 감정의 고조나 흥분이 틱이나 손톱 물어뜯기와 같은 행동으로 나타나기도 합니다. 강한 경쟁심으로 표출될 때도 있습니다. 겉으로 보기에 얌전해 보이지만 내면에서는 계속해서 생각이나 감정이 격하게 움직입니다. 말을 빠르게 끊임없이 쏟아내는 것도 특징입니다.

③ 지적 탐구 Intellectual 과흥분성

이해와 진리를 추구하며 지식을 습득해 사물이나 현상을 분석·통합하고자 하는 강한 욕구가 있습니다. 다양한 감정과 강한 호기심을 가지고 평소에도 예리하게 관찰합니다. 장시간 집중해서 지적인 노력을 하고 마음만 먹으면 끈기 있게 문제 해결을 위해 힘씁니다. 꼼꼼하게 계획 세우기를 즐기고 본 것은 세세한 부분까지 잘 기억합니다. 논리적이고 사고하는 것 자체를 즐기며 윤리, 도덕, 사회 문제에 대해서도 깊이 생각합니다. 이따금 독특한 생각을 하고 비판적인 태도를 보이기도 합니다.

④ 상상적Imaginational 과흥분성

마음속으로 떠올린 구체적인 이미지나 은유를 자주 사용합니다. 세세한 부분까지 구체적으로 꿈을 꾸거나 이야기를 지어내기도 합니다. 그렇게 지어낸 이야기와 현실을 혼동하거나 상상 속 친구를 두기도 합니다. 창의성이나 상상력보다 정해진 학습 커리큘럼을 우선시하는 학교에서는 수업 진도를 따라가기 힘들어하는 아이도 있습니다. 과제를 할 때 머릿속이 다른 생각으로 가득 차 마지막까지 끝내지 못하기도 합니다.

⑤ 감성적Emotional 과흥분성

감정이 격해지거나 고조되고 다양한 감정이 극단적인 방향으로 흘러가는 경우가 있습니다. 타인의 감정을 잘 파악하고 강하게 감정을 표현하기도 합니다. 사람, 사물, 장소 등에 강한 애착을 보이기도 하고요. 배려심 있고 공감능력이 뛰어나 인간관계에 민감하게 반응합니다. 자신의 감정을 섬세하게 인식해 종종 자문자답을 계속하기도 합니다. 강한 감정이 안면 홍조나 위장 통증과 같은 신체적 증상으로 나타나거나 죽음을 두려워해 우울감을 느끼기도 합니다. 타인에 대한 마음이 지나치게 강해지거나 감정이 너무 격해져서 숙제나 가사일 등 매일 하는 업무에 지장을 줄 때도 있습니다.

어떻게 생각하시나요? 앞서 소개한 'DOES'와 공통점도 많습니다.

주의해야 할 점은 예민한 아이는 상황에 따라 과흥분성을 겉으로 드러내기도 하지만 드러내지 않는 경우도 있다는 사실입니다. 예민한 아이는 그 자리의 분위기를 잘 파악하기 때문에 모르는 사람 앞에서는 얌전하게 행동하며 감정을 드러내지 않기도 합니다. 그래도 그 아이의 내면에서는 생각이나 기분, 감각이 심하게 요동치고 있을 때가 많다는 사실을 부모인 우리는 잊어서는 안 됩니다.

편한 가족들 앞에서만 고삐 풀린 것처럼 끊임없이 말도 하고 조용히 감춰두었던 강한 경쟁심을 표출합니다. 불쾌감이나 쾌감도 적극적으로 드러내고 짜증내며 폭발하는 일도 자주 있지요. 집 밖에서 억눌렀던 마음이나 감정을 가족 앞에서 터뜨리면 부모도 힘들지만 아이도 상당히 힘든 상황이라는 사실을 이해해주어야 합니다.

예민함은 아이를 성장시키는 선물이다

예민한 아이는 외부 자극을 다른 사람들보다 훨씬 더 민감하게 받아들이기 때문에 친한 주변 사람들이나 본인이 고통스러울 때가 많습니다. 다른 아이들은 아무렇지 않게 생각하는 교내 방송이나 선생님의 목소리 톤까지 거슬려 하고 못 견디곤 하지요. 그런데 과흥분성이라는 개념을 처음으로 소개한 동브로프스키는 **주변의 사물이나 현상을 강렬하게 느끼면서 생기는 고통과 어려움이 아이를 크게 성장시킨다**고 설명했습니다.

고통과 어려움이 아이를 성장시킨다는 것은 무슨 의미일까요?

아이의 예민함을 긍정적으로 받아들이자

친구에게 장난감을 빼앗겨 울고 있는 다른 아이를 보고 똑같이 슬퍼하는 아이의 마음속에는 어떤 변화가 생길까요? 장난감을 빼앗은 아이를 찬찬히 관찰하거나 '저기서 울고 있는 아이에게 다른 장난감을 주면 기분이 좋아질까?'라고 생각할지도 모릅니다. 그렇게 다른 사람의 기분에 공감하고 감정이입을 하면서 상대방의 마음을 더욱 깊이 이해할 기회를 얻게 되지요. 그러한 체험이 여러 번 반복되면 아이는 남들보다 타인의 마음을 훨씬 잘 꿰뚫어보는 능력을 키울 수 있습니다.

뉴스에 사건이나 사고로 슬퍼하는 사람이 나올 때 공감하고 마음 아파하는 아이라면 '왜 이렇게 힘든 일이 일어난 것일까?' '어떻게 하면 이런 일이 세상에서 사라질까?' 등 사회문제에도 더 깊은 의문을 가지게 될지 모릅니다. 사회문제를 접하고 안타까워하는 마음은 사회학 탐구나 사회 활동의 원천이 됩니다.

소리에 예민하게 반응한다면 좋은 음악을 만들어낼 수 있습니다. 상대의 목소리 톤이나 표정에 민감한 아이라면 사람 심리를 읽어내는 통찰력을 지닌 사람으로 성장할 것입니다. 냄새나 맛에 예민하다면 식재료나 조미료의 미묘한 차이를 잘 파악할 수 있어 요리 분야의

귀중한 인재가 될 수 있습니다. 감촉에 민감하게 반응한다면 예민한 감각을 부드러운 촉감이나 편안한 디자인의 옷을 만드는 데 활용할 수 있을지도 모릅니다.

극도로 예민한 성향은 특정 분야를 더욱 깊이 파고들어 전문성을 키우는 데 기여할 것입니다. **지나친 예민함이 아이의 능력을 한층 더 끌어올릴 기회를 제공하는 '선물'이라고 할 이유입니다.**

과흥분성, 매우 예민한 아이에 대해 이해하면서 저는 예민함 뒤에 숨겨진 가능성을 조금씩 보기 시작했습니다. 예민한 아이를 볼 때마다 울보에다가 겁쟁이에 또래 친구들과 어울리지 못하는 까다로운 아이라는 생각에 한숨을 내쉬곤 했는데 이제는 아이의 긍정적인 부분을 먼저 찾아냅니다.

예민한 아이에게 건강한 환경 만들어주기

'매우 예민한 아이'라는 개념은 아이들의 예민함에 대해 두 가지를 명확하게 설명합니다. **첫째, 예민함은 아이가 태어나면서부터 가지고 있는 기질이며 부모의 교육 방법 탓이 아니라는 사실입니다. 둘째, 질병이 아니라 '개성'이라는 점입니다.**

애런 박사는 예민함이라는 개성은 적절한 환경이나 주변 어른들의 대응 방식에 따라 건강하고 좋은 방향으로 키울 수 있다고 합니다. 반면 "너는 왜 이런 당연한 것들도 못하는 거야?"라는 말을 자주 듣고 자란다면 자기부정에 사로잡혀 우울증이나 불안장애가 생기는 등 큰 어려움을 겪을 수 있습니다. 예민한 아이의 특징을 생각하면 당연한 일입니다. 예민한 아이는 타고난 풍부한 감수성으로 주변 상황을 세세한 부분까지 파악하고 강렬하게 반응합니다.

애런 박사는 예민한 아이를 키우는 시간이 얼마나 중요한지를 열정적으로 설명합니다. 예민한 아이에 대한 책을 쓴 이유도 어린 시절 힘든 경험을 한 예민한 사람들이 너무 많아서 부모들이 같은 실수를 하지 않도록 돕기 위해서라고 말했습니다.

아이들에게 가정은
안전한 베이스캠프이자
충전을 위한 장소여야 한다

애런 박사에 따르면 예민한 아이를 키울 때는 어떤 교육환경이나 커리큘럼보다도 가정환경이 가장 중요합니다. 앞에서도 거듭 말했듯이 예민한 아이는 항상 강하고 많은 자극에 노출되어 있습니다. 그런 만큼 자신을 이해해주는 **내 편**이나 **안전한 베이스캠프**, **충전을 위한 장소**가 필요합니다. 만약 예민한 아이에게 가정이 편안한 장소가 아니라면 그 아이들은 어디에서 몸과 마음을 편안하게 쉴 수 있을까요?

저는 매우 예민한 아이에 대해 공부하면서 아이들이 잘 자랄 수 있는 환경을 갖추고 아이를 적절한 방법으로 대하는 일이 얼마나 중요한지 몸소 느꼈습니다. 구체적으로는 2장 이후에 소개하겠지만, 조금만 신경 써도 좋은 환경을 만들 수 있습니다.

예민한 아이는 집에서는 큰소리치고 밖에서는 조용한 경우가 많다

앞에서 예민한 아이에게 가정은 '안전한 베이스캠프'이자 '충전을 위한 장소'여야 한다고 말했지만 저도 처음에는 그런 생각을 미처 못했습니다. 처음 가는 장소나 모르는 사람 앞에서는 매우 어른스럽고 조용한데 집에 가면 떼 쓰고 울고불고하는 아이를 보며 '일부러 저러는 건가?' 하는 생각에 화를 낸 적도 많았지요.

"밖에서는 잘하면서 집에서는 왜 이러는 거야?" 당시에는 이렇게 항상 목소리를 높였습니다. 예민한 아이에 대해 이해하고 나서는 저의 행동이 아이들을 더 궁지에 몰아넣고 힘들게 했다는 사실을 깨달았습니다.

예민한 아이가 어떻게 세상을 마주하고 있는지, 그리고 아이들이 밖에서 얼마나 노력하고 있는지, 그 아이 입장에서 생각하는 습관을 들여야 합니다. 그러다 보면 부모로서 어떻게 아이를 대해야 하는지 조금씩 보이기 시작합니다.

예민한 아이는 세상을 어떻게 바라보고 있을까?

예민한 아이는 주변 사람들이 그냥 지나칠 만한 세세한 부분까지 알아차리고 강하게 반응합니다. 이러한 아이가 새로운 장소나 집단 속에서 생활할 때는 어떤 상태일까요? 다양한 자극이 한꺼번에 밀려들어와 혼란을 겪는 바람에 평소라면 쉽게 하던 일도 능숙하게 해내지 못하는 상황이 쉽게 떠오릅니다. 인사를 잘 못하거나 친구와 어울리는 것도 힘들어합니다. 생각대로 자유롭게 행동하는 것 자체를 어렵게 느낄지도 모릅니다. 공감능력이 뛰어나 그 장소의 규칙이나 다른 사람이 자신에게 무엇을 기대하는지를 민감하게 감지하기 때문에 자신을 주변 상황에 필사적으로 끼워맞춰 매우 어른스럽고 착한 아이처럼 행동하기도 합니다.

우리 집 막내도 이런 아이였습니다. 규칙을 열심히 지키려고 애썼고 학교에서는 한 달에 한 번 선정하는 모범학생에 뽑혀 메달도 여러 번 받았지요. 반면 집에 돌아오면 매일같이 심하게 떼를 부리고 짜증을 내곤 했습니다. 밖에서 자신의 감정을 최대한 억누르며 하루를 보내느라 집에 돌아왔을 때는 이미 지친 상태였기 때문이지요. 마음을 놓을 수 있는 가족 앞에서 억눌렀던 감정이 한꺼번에 터져나오는 것은 매우 자연스러운 일입니다.

지금은 '이 아이가 집 밖에서 최선을 다해 노력하고 있다'는 사실을 압니다. 예전에 저는 아이가 짜증내는 상황만 보고 "밖에서는 잘하잖아. 엄마 앞에서도 그렇게 좀 해!"라고 아이의 마음을 헤아리지 못한 채 '착하게' 행동하도록 강요했어요.

가정에서도 그런 식으로 아이를 다그치면 아이가 진짜 자신의 모습, 진짜 감정을 드러낼 수 있는 장소가 사라지게 됩니다. 자신의 진짜 모습을 밖으로 표현할 수 없게 되고 아무도 자신을 이해해주지 않는다는 서러움과 속상한 감정이 마음속에 쌓여갑니다. 나중에는 이것이 문제 행동으로 표출될 수도 있습니다.

예민한 아이는 밖에서 매우 지친 상태로 집으로 돌아온다는 점을 이해해야 합니다. 그것이 **짜증이라는 형태로 드러나는 것**입니다. 아이가 짜증을 내고 떼를 부린다고 해서 다그치거나 화를 내지 않았으면 합니다. 그런 아이를 안아주면서 온기를 전하고 마음을 다독여주어야 합니다.

예민한 아이 중에도 내향적인 아이와 외향적인 아이가 있다

"우리 아이는 예민한 면이 있지만 겁이 많지는 않아요. 좋아하는 일에는 물불 안 가리고 달려들어요"라는 말을 들은 적이 있습니다. 예민한 아이라고 하면 보통은 섬세하고 조용하고 내향적인 아이를 떠올리는 사람이 많지 않나요? 하지만 애런 박사에 따르면 **매우 예민한 아이 중 30퍼센트는 외향적인 아이**라고 합니다.

여기에서는 예민한 아이 중 내향적인 아이와 외향적인 아이를 대할 때 주의점 등을 설명하겠습니다.

예민하고 내향적인 아이라고 해서 외출이나 사람을 싫어하는 것은 아니다

매우 예민하고 내향적인 아이는 사람을 싫어하거나 외출을 꺼린다고 생각하기 쉽습니다. 하지만 실제로 꼭 그렇지만은 않습니다. 예민하고 내향적인 아이는 어디까지나 자극에 예민할 뿐 혼자서 조용히 자신의 에너지를 충전할 시간만 있다면 사람들을 만나고 외출하는 일을 오히려 즐기는 경우도 많습니다.

일본과학기술진흥기구JST가 실시한 '유아기의 낯가림 행동'에 관한 연구에 따르면 낯가림이 심한 아기는 엄마 이외의 사람을 무섭다고 느끼지만 동시에 상대에게 흥미나 관심이 많고 다가가고 싶은 마음도 큽니다. 이러한 심리적 갈등이 낯가림의 원인으로 추측됩니다. 단순히 무서워하는 것이 아니라 다가가고 싶지만 두려움을 느끼는 상태라고 볼 수 있습니다.

예민한 아이를 보고 있으면 이러한 아기의 모습과 겹쳐지는 부분이 많습니다. 사람이나 외부세계가 싫거나 힘들어서 주저하는 것이 아닙니다. 사실은 매우 관심이 많지만 강렬한 자극이 느껴지기 때문에 선뜻 다가가지 못하는 것입니다.

예민하고 내향적인 아이가 새로운 사람을 만나거나 밖으로 나가기를 주저한다면 자극에 조금씩 익숙해질 기회를 주고 자극을 받은

뒤에는 회복할 시간을 충분히 주어야 합니다. 예를 들면 "오늘은 친구 ○○가 무슨 놀이를 하고 싶어 할까?"와 같이 그 아이의 호기심을 불러일으킬 만한 말을 건네고 아이가 자신의 속도에 맞춰서 행동할 수 있도록 도와주어야 합니다.

예민하고 외향적인 아이는 가속 페달과 브레이크를 동시에 밟고 있는 상태

그렇다면 예민하면서 외향적인 아이는 어떤 아이일까요?

애런 박사는 예민하고 외향적인 아이를 **HSC/HSS**(highly sensation seeker, 자극추구형)이라고 합니다. 예민하면서 동시에 새로운 일이나 모험과 같은 자극을 매우 좋아해 마치 '가속 페달과 브레이크를 동시에 계속 밟고 있는 것과 같은 상태'라고 표현합니다.

예민하고 외향적인 아이는 호기심이 왕성하고 적극적으로 외부세계로 나가는 한편, 매우 예민하기 때문에 그곳에서 만난 새로운 상황에 압도되어 중간에 지치는 경우도 많습니다. 뛰어난 감수성을 타고나서 생각했던 것처럼 일이 흘러가지 않을 때 갈등이 깊어지거나 우울감이 심해지는 것도 특징입니다.

우리 아이들 중에서도 주변 사람들 모두가 질려버릴 정도로 울고 겁이 많은 아이가 있었는데 크면서 외향적인 면이 강해졌습니다. 옆에서 지켜보니 어릴 때는 호기심보다 두려움이 앞섰다가 시간이 흘러 지식이 늘고 논리적으로 생각하는 힘도 커지면서 두려움보다 호기심이 더 커졌고 점점 모험을 좋아하게 된 듯합니다.

그렇지만 '극도의 예민함'은 그대로이기 때문에 주의해야 할 점도 있습니다. **활동 중간중간에 짧아도 좋으니 몸과 마음을 편히 쉴 수 있도록 휴식시간을 주어야 합니다.** 예민하고 외향적인 아이는 여행

예민하고 외향적인 아이는 가속 페달과 브레이크를
동시에 밟고 있는 것과 다름없다.

을 떠나거나 하면 여기저기 가고 싶다는 생각을 먼저 합니다. 하지만 아이가 원하는 대로 일정을 짜면 결국에는 몸과 마음이 한계에 부딪쳐 도중에 녹초가 되어버리기 십상이죠. 계획대로 되지 않으면 짜증을 내기도 합니다. 그래서 우리는 반드시 사전에 대화를 충분히 나누어 여유 있게 일정을 짜곤 했습니다. 지금은 예전보다 몇 배 더 여행을 즐길 수 있게 되었지요.

주변에서 질릴 만큼 많이 울고 겁도 많았던 첫째는 열아홉 살이 된 지금은 자전거를 타고 3개월 동안 혼자 미국을 횡단할 정도로, 어린 시절 모습을 아는 사람들은 상상조차 어려운 인생을 보내고 있습니다. 다만 여행의 예산이나 주행거리 등을 꼼꼼하게 계획하고 기록하는 등 대담함과 예민함을 둘 다 여전히 지니고 있습니다.

HSC와 발달장애의 차이를 알아두자

1장의 마지막에서는 제가 세미나 등에서 자주 받는 질문인 '예민한 아이와 발달장애의 차이'에 대해서 이야기하려고 합니다.

예민해서 또래 집단과 어울리지 못하는 경우, 발달장애는 아닐까 걱정하는 사람도 많습니다. 발달 검사를 해도 확실한 진단이 내려지지 않거나 진단은 받았지만 받아들이지 못하고 상담을 하러 오는 분도 있습니다.

HSC와 발달장애에는 감각 과민 등 공통된 특징이 있습니다. 아이의 말과 행동을 보면 둘 다 의심되는 경우도 많고요. 발달장애의 경계선상에 있는 아이들이 있다는 점에서도 알 수 있듯이 '여기서부터

가 발달장애다'라고 판단할 만한 확실한 경계선이나 수치적인 진단 기준이 있는 것은 아닙니다. 게다가 아직 일본에서 HSC는 발달장애만큼 알려지지 않은 개념이기 때문에 이 두 가지를 혼동하는 경우가 많습니다. 하지만 HSC와 발달장애에는 명확한 차이가 있습니다.

예민한 아이와 자폐 스펙트럼의 차이

애런 박사는 **HSC와 자폐 스펙트럼의 차이는 '사회성'에 있다**고 지적합니다. 자폐 스펙트럼인 아이는 그 자리의 분위기나 상대의 기분을 잘 파악하지 못하기 때문에 가끔 상대방이 관심 없는 이야기를 계속하거나 장소에 맞지 않는 행동에 몰두하기도 합니다. 한편 HSC인 아이는 반대로 그 자리의 분위기나 상대의 기분에 예민하게 반응합니다. 주변의 많은 정보나 자극으로 인해 패닉 상태가 되지 않는다면 예민한 아이는 오히려 주변 분위기나 상대의 뜻에 맞추려고 노력합니다.

앞서 소개한 HSC의 특징인 'DOES'에 정보를 깊이 있게 처리한다는 내용이 있었습니다. 애런 박사의 분석에 따르면 예민한 아이는 수용한 정보를 깊이 생각한다는 특징이 있어서 지나치게 정보나 자극이 많으면 이에 짓눌려 혼란스러워합니다. 반면 자폐 스펙트럼은 자신에게 흘러들어오는 자극에 대해 느끼는 쾌감이나 불쾌감 등의 감각 자체를 혼란스러워하는 경우가 많습니다.

HSC와 ADHD

HSC와 혼동하기 쉬운 것이 **주의력결핍 과잉행동장애ADHD**입니다.

매우 예민한 아이는 주변의 일에 세심하게 신경쓰기 때문에 산만해 보일 때가 많습니다. 교실에서도 다른 아이가 연필을 떨어뜨리거나 창문에서 바람이 불어오거나 밖에서 누가 부르는 소리가 들리거나 선생님이 기침 소리를 내는 등의 사소한 일 하나하나에 반응해 열심히 몰입하던 과제를 중단하기도 합니다. 그러곤 신경 쓰이는 상황을 뚫어져라 쳐다보곤 하지요.

애런 박사의 말에 따르면 예민한 아이는 집중력이 흐트러지더라도 과제를 마쳐야 한다는 사실을 충분히 인지하고 있기 때문에 다시 주의력을 회복하고 과제에 집중합니다. 반면 ADHD 아이는 주의력이 흐트러진 채로 다시 과제에 집중하지 못하는 경우가 많다고 합니다. 다만 예민한 아이도 주변의 자극이 지나치게 강하거나 자극이 가해지는 시간이 긴 경우 다시 과제에 집중하기 어렵습니다. 그러므로

ADHD와 HSC를 이해할 때 아이가 처한 환경을 다시 꼼꼼하게 살펴봐야 합니다.

아이에게 꼭 필요한 도움을 주기 위해 진단을 하는 것

발달장애와 HSC에 명확한 차이가 있다고는 하지만 둘 다인 경우도 있습니다. 그래서 발달장애인지 예민한 아이인지 구분하기가 쉽지 않지요. 만약 걱정되거나 의심스러운 행동을 한다면 반드시 소아정신건강의학과나 임상심리사 등 전문가에게 상담 받기를 권합니다.

여기서 염두에 두어야 할 점은 발달장애인지 HSC인지를 판단하는 일 자체는 그다지 중요하지 않다는 사실입니다. 그럼에도 판별이나 진단을 하는 이유는 오로지 아이가 적절한 보살핌이나 지원을 받을 수 있도록 하기 위해서입니다. 아이가 건강하게 자라는 것이 가장 중요합니다. 왜 진단을 하는지 그 이유를 충분히 이해하고 아이가 필요한 정보나 지원을 받을 수 있게 도와야 합니다.

예민한 아이가 무럭무럭 자라는 9가지 육아법

2

남과 다른 아이라면 남과 다른 부모가 되겠다는 각오가 필요하다

남과 다른 아이라면 남과 다른 부모가 되겠다는 각오가 필요합니다.

애런 박사가 저서에서 한 말입니다. 저는 막내가 유치원 졸업반이 되었을 때 각오를 다졌습니다. 미국 알래스카주의 학교는 유치원 졸업반이 되면 '킨더'라는 초등학교와 같은 건물에서 주 5일 동안 온종일 생활합니다. 그전에 유치원에 다닐 때 심각한 틱 장애가 나타나서 3개월 만에 그만두었던 막내는 이번에도 가기 싫다며 울음을 터뜨렸습니다. 이유를 물어보면 "너무 시끄러워서"라고 했습니다. 그래서 담임선생님께 상담했더니 귀마개를 추천해주었습니다.

처음에는 그렇게 힘든 상황이었지만 조금씩 출석 시간을 늘리며 서서히 그 환경에 적응해갔습니다. 그런데 점심시간 급식실에 갈 때는 몸이 굳어져 안으로 들어가지 못했습니다. 학교에서 가장 무섭다고 소문난 급식실 직원이 너무 겁났다고 해요. 담임선생님과 상의해 제가 점심시간에 아이 옆에 가서 앉아 있었습니다. 학교 급식실에 화를 잘 내는 무서운 직원이 있어서 겁내는 다섯 살 아이 손을 잡아주러 매일 점심 때마다 학교에 가는 부모를 상상해보세요. "과보호 아냐?" "부모가 저러니까 아이가 더 그러는 거야"라는 목소리가 어디선가 들리는 듯합니다.

만약 예민한 아이의 존재를 몰랐다면 저도 그런 부모에게 '너무 지나친 거 아냐? 처음에는 울어도 그냥 두면 적응할 텐데'라고 생각했을 것입니다. 하지만 막내를 키우기 전에 이미 네 명의 예민한 아이를 키운 경험이 있는 저는 과보호처럼 보이는 그러한 행동이 그때 막내에게는 필요하다는 사실을 알았습니다. 그래서 주변의 따가운 시선을 느끼면서도 '나라도 그렇게 생각했을 거예요' 하는 마음으로 대수롭지 않게 넘길 수 있었지요.

부모가 아이를 잘못 키워서
예민해지는 것이 아니다

예민한 아이를 키운 엄마로서 소리 높여 이야기하고 싶은 것이 있습니다. **부모가 아이를 잘못 키워서 아이가 예민해진 것이 아니다**라는 점입니다. 원래 예민한 아이라서 부모가 다른 아이와 조금 다르게 대응할 필요가 있는 것뿐입니다. 아이와 발맞추어 함께 걸어가다 보면 결국 그 아이는 혼자서 자신의 속도에 맞춰서 걸어가기 시작합니다. 그리고 항상 옆에서 버팀목이 되어준 부모를 떠올릴 때마다 든든하다고 느낄 것입니다.

이 장에서는 예민한 아이가 씩씩하게 자신의 능력을 발휘할 수 있게 도와주는 9가지 포인트를 소개하겠습니다.

1. 강요나 과보호가 아닌 대응을 한다.
2. 오랜 시간을 들여서 세심하게 발판을 만들어준다.
3. 자기 생각이나 기분을 표현할 수 있도록 용기를 준다.
4. 부정성 편향에 지배되지 않도록 한다.
5. 강한 감정을 다루는 기술을 익힌다.
6. 아이에게 부정적인 꼬리표를 달지 않는다.
7. 좋아하고 잘하는 일, 푹 빠져서 할 수 있는 일을 찾는다.
8. 아이 편이 되어 안전한 베이스캠프나 충전 가능한 장소를 만들어준다.
9. 벌 또는 보상을 주거나, 협박이나 인격을 부정하는 훈육은 하지 않는다.

포인트 ①
강요나 과보호가 아닌 대응을 한다

많은 연구자가 예민한 아이를 건강하게 키우기 위해서는 **너무 강요해서도 과호보해서도 안 된다**고 말합니다. 이것은 무슨 의미일까요?

미국의 소아정신건강의학과 의사로 베스트셀러 육아서를 쓴 대니얼 시글Daniel J. Sigel은 다음과 같이 설명한 바 있습니다.

> 아이가 수영장에서 하는 생일파티에 초대를 받았는데 물이 무서워서 가기 싫다고 울기 시작합니다. 겨우 달래서 생일파티에 데리고 갔더니 엄마한테 붙어서 절대 떨어지지 않습니다. 다른 아이들이 신나서 물속으로 뛰어들어 물장구를 치며 놀고 있는 모습을 엄마 뒤에 숨어서

계속 관찰합니다. 다른 아이들은 모두 물속에서 즐겁게 놀고 있습니다.
엄마는 복잡한 기분이 듭니다.
'우리 아이는 왜 맨날 이럴까? 왜 다른 아이처럼 신나게 즐기지 못할까?
친구 엄마들이 말하는 것처럼 내가 너무 해달라는 대로 다 해줘서
그런가? 오늘은 억지로라도 물에 넣어서 연습을 시켜야겠다!'
동시에 이런 기분도 듭니다.
'아이가 이렇게 무서워하는데. 괜찮아. 내가 지켜줘야지. 물에는 안
들어가도 상관없지!'

전자가 '강요'이고 후자가 '과보호'입니다. 시글은 예민한 아이에게 가장 좋은 방법은 어느 한쪽으로도 치우치지 않는 대응이라고 말합니다.

해봤더니 의외로 나쁘지 않다고 느낄 만한 체험을 반복한다

강요나 과보호가 아닌 대응을 한다는 말이 무엇인지 구체적인 사례를 살펴보겠습니다.

우선 엄마와 함께 발만 물에 담가봅니다. 그렇게 물속에서 발을

첨벙거리고 물장구를 치며 놉니다. 아이는 얼굴에 물이 튈 때마다 신경이 쓰여서 놀이를 중단하고 여러 번 얼굴을 닦을 수도 있습니다. 그래도 점차 익숙해져서 얼굴에 약간 물이 튀어도 신경 쓰지 않게 됩니다. 다음으로 수영장 안으로 들어갑니다. 얼굴은 물에 담그지 않고 선 채로 들어갔다 나왔다 합니다. 반복하다 보면 튜브를 끼고서 물에 들어갈 수 있게 됩니다. 엄마는 튜브 끝을 잡고 아이와 함께 천천히 이동합니다. 옆에서 엄마가 즐거워하는 모습을 보면 아이도 '물속에서 노는 것도 나쁘지 않네'라고 느낍니다. 그러면 성공입니다. 이렇게 처음엔 싫었지만 해보니까 생각보다 나쁘지 않았다고 느끼는 경험을 여러 번 하다 보면 언젠가 다른 아이들과 함께 신나게 물놀이를 즐기는 날이 올 것입니다.

우리 집 첫째는 여섯 살이 되고 나서 처음 물에 얼굴을 담갔습니

다. 넷째도 수영 교실에서 무섭다며 울음을 터뜨렸고 처음 몇 개월 동안은 쳐다보기만 했습니다. 그래도 초등학교 중학년이 될 즈음에는 둘 다 수영팀에 들어갈 정도로 수영을 좋아하게 되었습니다. 다른 아이들보다 몇 배 더 시간이 걸렸지만 자신에게 맞는 속도로 조금씩 적응했습니다.

이렇게 처음에는 무섭고 힘들었지만 해보니 의외로 괜찮다고 느끼는 경험을 조금씩 하다 보면 그 아이는 스스로 만든 장벽을 조금씩 부수면서 쉽게 할 수 있는 일의 범위를 넓혀갑니다.

근력운동과 같은 원리

강요나 과보호가 아닌 대응을 한다는 말은 근력운동을 생각하면 이해하기 쉽습니다. 덤벨 운동을 떠올려보세요. 지나치게 무거운 덤벨을 계속해서 들어올리면 근육이 탄탄해지기는커녕 오히려 몸을 망가뜨립니다. 그렇다고 너무 가벼운 덤벨로 운동을 하면 근육은 생기지 않지요.

근육을 단련하려면 약간의 부하가 걸릴 정도의 덤벨을 사용해야 합니다. 그렇게 하면 몸이 상하는 일 없이 근육이 생기고 처음에는 무겁다고 느꼈던 덤벨도 나중에는 가볍게 들어올릴 수 있습니다. 그러면 조금 더 무거운 덤벨에도 도전할 수 있게 됩니다.

예민한 아이는 덤벨의 무게를 늘려가는 과정이 다른 아이들보다 더 오래 걸립니다. 덤벨 무게를 1킬로그램에서 5킬로그램으로 늘리려면 1.5-2-2.5킬로그램 순으로 시간을 들여 조금씩 늘려가야 합니다. 예민한 아이는 덤벨의 무게가 500그램 늘어나면서 달라지는 미세한 감각의 차이도 강하게 느끼기 때문입니다.

근육은 하룻밤에 생기지 않는다는 점을 기억해야 합니다. **성과가 지금 당장 눈에 보이지 않더라도 꾸준히 해야 합니다.**

예를 들면 바다를 무서워하는 아이를 단번에 바다와 친해지게 만들기는 어렵습니다. 오늘은 파도가 오지 않는 모래사장에서 모래성을 만들어보고, 다음 날은 파도가 치는 물가에서 조개껍데기를 주우며 발목까지 물에 담가보는 식으로 아이가 받아들일 수 있는 수준에서 조금씩 시도해보며 단계를 높여가야 합니다.

부모도 '다른 아이들보다 시간이 걸릴 수 있다. 하지만 결국 이 아이도 익숙해질 것이다. 언젠가는 즐길 수 있겠지?'라는 느긋한 마음으로 아이를 지켜봐야 합니다. 멀리 보면 이러한 경험들이 쌓여 아이의 불편함도 줄어듭니다.

포인트 ②
오랜 시간을 들여서 세심하게 발판을 만들어준다

교육심리학에 **비계 설정**scaffolding이라는 개념이 있습니다. 예를 들어 손이 닿지 않는 선반에 놓인 컵을 꺼내고 싶다는 아이에게 "스스로 꺼내!"라고 다그치지도 말고 "자, 여기" 하며 대신 꺼내주지도 말고 그 아이가 스스로 꺼낼 수 있도록 적절한 높이의 비계, 즉 발판을 준비해두어야 한다는 것이지요. 발판은 그 아이의 성장에 맞춰서 조금씩 낮춰주어야 합니다. 즉 비계 설정이란 **단계를 밟으며 성장할 수 있도록 도움을 주는 일**입니다. 그렇게 하다 보면 나중에는 발판이 없어도 혼자 컵을 꺼낼 수 있게 됩니다.

이것은 앞에서도 언급했던 강요와 과보호 중 어느 한쪽에 치우치지 않은 대응을 해야 한다는 말과 비슷합니다. 아이의 성장을 돕기 위해, 아이를 대하는 모든 어른이 이 개념을 기억해두어야 합니다.

예민한 아이는 오랜 시간을 들여 발판을 세분화해야 한다

예민한 아이라면 대부분은 오랜 시간을 들여 세심하게 발판을 조절해나가야 합니다. 부모가 이러한 사실을 알고 마음의 준비를 한다면 초조함이나 불안감도 줄어듭니다.

대부분의 아이는 인사를 하거나 친구들과 함께 어울릴 때, 남들 앞에서 이야기할 때 발판이 필요 없습니다. 자연스럽게 밝은 목소리로 인사하고 "나도 같이 놀자"라고 친구에게 말을 겁니다. 그리고 조금 긴장되더라도 천진난만하게 이야기를 시작할 것입니다. 하지만 예민한 아이는 이러한 행동을 하려면 상당한 용기가 필요합니다. 마치 너무 높아 손이 닿지 않는 선반의 컵을 꺼내려고 할 때 아무도 도와주지 않고 "혼자 꺼내봐!"라는 말을 들은 것처럼, 감당할 수 없는 상황 속으로 내쳐졌다고 느끼는 아이도 적지 않습니다. 예민한 아이는 인사를 하기 위해, 사람들과 어울리기 위해, 사람

들 앞에서 말하기 위해 여러 단계로 촘촘하게 조정된 발판이 필요합니다.

인사를 하고 또래 친구들과 어울리기 위한 단계

낯선 사람에게 인사를 하기까지의 단계를 생각해봅시다.

엄마가 인사를 하는 모습을 여러 번 본다.

▼

엄마와 함께 인사를 해본다.

▼

작은 목소리로 소심하게라도 함께 인사를 하면 나중에 "인사를 하니까 기분 좋지?"라고 말을 건네며 뿌듯한 감정을 느끼게 한다.

말로 하기 힘들다면 우선은 하이파이브부터 시작해봅니다. 인형놀이나 역할놀이를 하면서 인사를 해볼 수도 있습니다.

친구들과 어울리기 위해서는 이렇게 해보면 어떨까요?

잠시 부모 옆에서 주변을 관찰한다.

▼

그중에서 적은 인원으로 놀고 있는 무리에
엄마와 함께 들어간다.

▼

집에서 엄마와 역할놀이를 하면서
"나도 같이 놀자"라고 말하는 연습을 한다.

▼

적은 인원으로 놀고 있는 친구들에게 엄마와 함께 가서
"나도 같이 놀자"라고 말한다.

다른 사람들 앞에서 말할 때도 마찬가지입니다. 처음부터 많은 사람 앞에서 말하게 하지 말고, 우선은 가족들 앞에서 여러 번 연습해 보고 그다음에 친구들 한두 명 앞에서 연습합니다. 이렇게 조금씩 인원수를 늘려가면 좋습니다.

이렇게 촘촘하게 발판을 밟아나간다면 시간이 걸리더라도 다른 아이들과 마찬가지로 다양한 일을 할 수 있게 됩니다.

포인트 ③

자신의 생각이나 기분을 표현할 수 있도록 용기를 준다

그 자리의 분위기나 타인의 감정을 잘 알아차리는 예민한 아이는 자신의 감정을 억누르고 주변에 맞추려고 합니다. 예민한 아이들을 보면 상대의 눈치를 본다기보다는 주위 사람들의 생각이나 감정을 지나치게 배려해서 오히려 휘둘리거나 부담감을 느끼는 경우가 많습니다. 그렇기 때문에 예민한 아이에게는 **평소에 억누르고 지내는 자신의 감정을 표현할 기회를 적극적으로 만들어주어야 합니다.**

“어떻게 생각해?”라는 질문을 습관화한다

일상에서 “오늘 반찬은 뭐가 좋을까?” “이 뉴스 어떻게 생각해?” 등 **아이가 자기 생각을 말할 수 있도록** 질문을 합니다. 아이가 생각을 잘 정리해서 말하지 못한다면 “돈가스나 닭튀김 중에 뭐가 좋아?” “방금 저 뉴스 해설자가 말한 의견에 찬성해? 아니면 반대해?”처럼 **선택지를 제시**하는 것도 좋은 방법입니다.

그리고 가능한 범위 내에서 그냥 아이의 말을 들어주는 시간을 마련해야 합니다. **지금부터 15분간은 그냥 아이가 하는 말을 들어야겠다**라고 마음먹고 아이의 말을 끊거나 의견을 말하지 말고 묵묵히 들어줍니다.

“그렇구나” “아하!” “음~” 하고 맞장구를 치면서 아이의 이야기에 관심을 표현합니다. “아, 그 기분 알 것 같아” “맞아, 같은 상황이었으면 엄마도 분명 그렇게 했을 거야”라며 공감해줍니다. 이렇게 아이의 말을 들어주는 시간을 조금이라도 확보하면 아이도 자신의 의견을 더 편하게 이야기할 수 있습니다.

그 외에도 악기 연주나 그림 그리기, 글쓰기 등 다양한 방식으로 표현할 수 있도록 도와주는 것도 좋은 방법입니다. 마음속 감정을 밖으로 표현할 기회를 주고 방법을 알려주어야 합니다.

예민한 아이를 현관 매트 취급하지 않는다

영어로 '현관 매트처럼 취급받다'Being treated like a doormat라는 표현이 있습니다. 현관 매트는 사람들에게 짓밟히며 신발 바닥을 깨끗하게 닦아주고 결국 너덜너덜해져서 버려집니다. 이 때문에 '현관 매트'라는 영어 표현은 사람들이 짓밟아도 묵묵히 참고 견디는 사람을 비유할 때 사용되지요. 자기주장이 강한 사람들에게 둘러싸여 있을 때 습관처럼 주변에 자신을 맞추는 예민한 아이는 현관 매트가 되기 쉽습니다.

우리 집에서는 넷째가 그런 성향이 강해 자신이 하고 싶은 일이나 좋아하는 일을 그 자리에서 표현하지 못하고 나중에 속상해하는 일이 많았습니다. 크리스마스 이벤트로 선물을 받을 때도 자신이 원하는 선물을 말하지 못해 주변에서 권하는 선물을 조용히 받아들고는 집에 와서 "다른 선물이 갖고 싶었는데……"라며 운 적도 있습니다. 학교에서 매일 아침 모든 친구가 다 교실로 들어올 때까지 교실 문을 잡고 있다는 이야기를 초등학교 담임선생님께 전해 듣고 놀란 적도 있습니다.

이러한 넷째의 태도는 '마음이 따뜻하다'든지 '자기희생'이라는 말로 정리되는 일종의 미덕처럼 보이기도 합니다. 하지만 계속 자신의 감정을 억누르고 주변 사람들을 우선시한다면 그 아이는 어떻게 될까요? 나중에는 집에서 감정을 폭발시키는 정도로 해결되지 않는 상황이 올지도 모릅니다.

담임선생님께 그러한 이야기를 들은 날 저녁, 우리 가족은 식탁에 둘러앉아 밥을 먹으며 넷째 아이의 배려심 있는 행동을 칭찬해주었습니다. 그리고 마지막에 "문을 잡고 있을 때 만약 수업 준비를 해야 한다거나 네가 하고 싶은 다른 일이 있으면 그것을 먼저 해도 괜찮아. 지금까지 다른 사람을 위해 문을 잡아주었던 너의 행동에 대해서 선생님은 물론이고 친구들 모두가 충분히 고마워하고 있어"라고 말해주었지요.

예민하고 마음이 따뜻한 아이가 현관 매트가 되지 않고, 묻히기 쉬운 자신의 감정을 말로 표현할 수 있도록 격려해 주어야 합니다.

포인트 ④
부정성 편향에 지배되지 않는다

심리학에 **부정성 편향**Negativity bias이라는 용어가 있습니다.

인간은 긍정적인 일보다는 부정적인 일에 강하게 반응하고 쉽게 기억하는 경향이 있다는 말입니다. 예를 들면 학교생활을 하면서 배려심 깊은 친구나 자신을 잘 이해해주는 어른을 만나 즐거운 추억도 많았을 텐데도, 한 아이에게 짓궂은 말을 듣고 불쾌했던 기억을 더 잘 떠올리고 곱씹어 생각합니다.

예민한 아이 중에는 특히 이러한 성향이 강한 아이가 많습니다. 우리 아이들도 그렇고, 지금까지 만난 등교 거부 학생이나 은둔형 외톨이가 된 예민한 아이의 대부분이 불쾌했던 경험을 반복적으로 떠올리고 계속 고민했지요.

나쁜 기억이나 실패했던 일을 계속 떠올리는 이유를 성격 때문이라고 생각하기 쉽지만 부정성 편향은 수렵과 채집으로 생활하던 시대에 생명을 위협하는 위험을 피하려고 발달한 것이라는 설도 있습니다. 맹수에 둘러싸여 험난한 자연환경 속에서 먹거리를 찾으며 생활하던 사람들은 자신의 안전을 지키기 위해 가까이에 위험 요인이 없는지 항상 주의 깊게 살펴야 했습니다.

HSC와 HSP는 예민하지 않은 사람보다도 위험을 감지하는 뇌의 영역인 편도체가 쉽게 활성화된다는 사실이 밝혀졌습니다. 이들은 '광산의 카나리아'로 불리기도 하는 만큼, 주변에서는 알아차리지 못하는 위험 신호를 감지해 머릿속에서 경보 알람이 시도 때도 없이 울리는 상태라고 볼 수 있습니다.

부모가 상황을 긍정적으로 받아들이고 즐기는 모습을 보여주어야 한다

예민한 아이 곁에 있는 어른은 부정적인 상황에 쉽게 영향을 받는 아이의 마음을 어루만져주어야 합니다.

평소 생활 속에서 "신난다!" "너무 좋아!"라고 외칠 만큼, 무언가

에 몰두하는 시간을 소중히 여겨야 합니다. 설레는 마음이나 호기심은 불안이나 두려움을 많이 느끼는 예민한 아이가 앞으로 나아갈 수 있도록 도와줍니다.

예민한 아이에게 이 세상에 즐거운 일도 많다는 사실을 상기시켜 주어야 합니다. 부모가 즐거운 일을 발견했을 때 감동하거나 즐거워하면서 "왜 그럴까?" 하고 아이처럼 호기심을 가득한 모습을 보여주는 것이 효과적인 방법입니다.

워싱턴DC의 벚꽃 축제에 갔을 때의 일입니다. 밀려드는 인파에 아이들의 감각은 과도하게 자극을 받았고 다들 "못 참겠어" "집에 가고 싶어"라고 했습니다. 저는 "정말 사람이 많네"라고 대답하면서도 아이들의 요구를 들어주지는 않았고 "와, 이것 좀 봐. 저 물에 반사되는 분홍빛 너무 멋지지 않니?"라며 그 시간을 즐기고 감동을 전하는 데 집중했습니다. 그랬더니 어떻게 되었을까요? 아이들도 조금씩 불쾌한 기분에서 벗어나 어느샌가 벚꽃 사진을 찍는 데 열중하기 시작하더군요.

불안이나 두려움, 불쾌감으로 가득 찬 예민한 아이를 너무 조심스럽게 대할 필요는 없습니다. 그렇다고 해서 "그렇게 예민하게 굴면 어떡해!" "아무도 그런 거 신경 안 써. 너 좀 이상하다"라고 부정하는 것이 아니라, 담담하게 반응하며 "이렇게 즐거운 일도 있어!"라고 옆에서 계속 보여주는 것이 중요합니다.

물론 이것으로 우리 아이의 예민한 감각이나 불쾌한 기분을 없애지는 못합니다. 하지만 이렇게 하면 부정적인 면뿐만 아니라 즐거움으로 가득 찬 긍정적인 면도 분명히 있다는 사실을 아이들이 떠올릴 수 있을 것입니다. 이러한 경험을 거듭하다 보면 부정적인 기분에 휩싸이지 않고 시야를 넓혀 긍정적인 부분도 발견해 즐기게 되지 않을까요?

이를 위해서는 **부모도 긍정적인 부분을 찾는 습관을 길러야 합니다.** 아이의 부정적인 말과 행동에 끌려다니지 말고 아이의 긍정적인 부분에 집중할 필요가 있습니다. **자기 전에 하루 동안 즐거웠던 일이나 감사했던 일, 그날 알게 된 아이의 좋은 점을 써보는 것도 좋은 방법**입니다. '정원에 핀 나팔꽃이 아름다웠다' '편의점 직원이 친절했다' 등 평소에는 그냥 보고 지나쳤던 일들에 주의를 기울이는 것도 큰 의미가 있습니다. 매일 지속하다 보면 변화가 느껴집니다.

부정적인 쪽으로 기울기 쉬운 마음을 아이와 부모가 함께 바꿔나가야 합니다.

포인트 ⑤
강한 감정을 다루는 기술을 익힌다

예민한 아이는 주변에서 "응? 겨우 이런 일 때문에?"라고 생각할 만한 일로 고민하거나 우울해하거나 괴로워합니다. 그러한 아이에게 강하게 다가오는 부정적 감정을 잘 다스리는 능력과 기술을 가르쳐 주어야 합니다.

우선 부정적인 감정을 느끼는 것 자체는 매우 자연스러운 일이라는 사실을 이해해야 합니다. 미국과 유럽의 과학자가 3만7천 명 이상을 대상으로 실시한 조사에 따르면 다양한 감정을 느끼는 사람들이 긍정적이거나 부정적인 감정 어느 한쪽에 치우친 사람들보다도 병에 걸려 병원에 가는 횟수가 적다고 합니다.

애써 긍정적인 모습을 보이려고 부정적인 감정을 억누르고만 있으면 언젠가는 폭발하거나 내면에 스트레스가 계속 쌓이기만 할 것입니다. 애런 박사도 예민한 아이는 강렬한 감정이 침울함이나 자기비판과 같은 형태로 내부로 향하기 때문에 우울감이나 불안을 쉽게 느낀다고 말합니다.

편한 가족들 앞에서 분노나 슬픔, 스트레스 등의 감정을 짜증이라는 형태로 드러내는 것은 매우 건강한 일입니다. 그리고 감정을 표출했던 각각의 상황은 강한 감정을 어떻게 다스려야 하는지 배울 수 있는 좋은 기회가 되지요.

아이의 짜증을 계기로 이야기를 나눈다

여기서는 우리 집 아이들의 이야기를 예로 들어보겠습니다.

아이들이 커가면서 짜증을 내거나 떼를 부리는 일은 조금씩 줄었습니다. 기분을 말로 표현할 수 있을 만큼 자랐기 때문이기도 하지만, 감정이 폭발할 때마다 나누었던 대화가 도움이 되었지요. **감정을 표출하며 자신에 대해 알게 되었고 감정을 다스리는 능력과 기술을 익힐 수 있었습니다.**

우리 집에서는 다음과 같은 내용으로 이야기를 나누었습니다.

- 어느 때 감정이 쉽게 폭발하는가?
- 어떻게 하면 감정의 폭발을 막을 수 있을까?
- 폭발하기 전에 어떤 신호가 있는가?
- 어떻게 하면 빨리 안정될까?
- 감정을 발산할 수 있는 다른 방법이 있을까?

여기서 중요한 점은 부모와 아이 모두 감정이 가라앉았을 때 이야기를 나누어야 한다는 점입니다.

소아정신건강의학과 의사인 대니얼 시글이 베스트셀러 저서에서 최신 뇌과학 연구를 바탕으로 설명했던 것처럼 감정이 폭발했을 때는 이야기를 나누어도 아무런 의미가 없습니다.

이때 뇌는 감정에 지배당한 상태이므로 상위 기능인 사고나 기억, 상상, 계획과 같은 일은 할 수 없다고 합니다. 즉 감정적으로 격앙되어 있을 때는 어른도 아이도 가르치거나 배우기에 좋은 상황이 아니라는 뜻입니다. 또 처음에 말했듯이 분노나 짜증, 슬픔 등의 부정적인 감정은 자연스러운 것이라는 사실을 잊어서는 안 됩니다.

그런 다음에 **부정적인 감정이 생겼을 때 어떻게 행동할지는 선택**

할 수 있다고 이야기해줍니다. 어릴 때는 부모가 고민해야 하지만 아이가 커가면서 아이 스스로 생각하고 고민하도록 힘을 북돋아주어야 합니다.

첫째, 셋째, 막내가 저마다 찾아낸 감정조절법

첫째는 감정을 발산하는 방법으로 "샌드백을 사줬으면 좋겠어"라고 말했습니다. 그리고 복싱과 레슬링 등 격투기를 배우고 싶어했습니다. 친구와 함께 알래스카의 대자연으로 하이킹을 하러 가서 몸을 마음껏 움직이며 기분전환을 했지요.

셋째는 생각대로 일이 풀리지 않을 때 갑자기 크게 분노하는 아이였습니다. 그래서 어떻게 하면 마음이 편안해질지, 그 분노를 주변에 쏟아내는 방법 외에 어떤 방식으로 표출할 수 있을지 이야기했습니다. 가장 효과적이라고 모두가 인정한 방법은 "나 화났어"라고 말로 표현하기, 혼자 있기, 반려견을 안거나 함께 뒹굴뒹굴하며 장난치기 등이었습니다. 자연 속으로 산책하러 가거나 좋아하

는 음악을 듣고, 그림을 그리는 일도 셋째가 선택한 방법이었습니다. 방법을 찾기는 했지만 심하게 짜증을 내는 일은 그 후에도 종종 있었습니다. 머리로는 알지만 막상 감정이

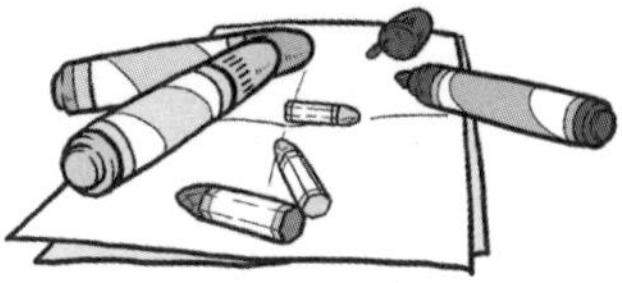

복받치면 감정 조절이 힘들기도 했지요. 그래도 짜증을 낼 때마다 이야기를 나누고 함께 고민하며 시간을 보냈더니 조금씩 격한 감정을 다스리는 방법을 익혀나갔습니다. 지금 중학교 3학년이 된 셋째는 강한 분노나 슬픔을 느낄 때마다 묵묵히 그림을 그립니다.

막내가 어느 때 감정이 쉽게 폭발하는지 살펴보았더니 배가 고플 때였습니다. 그래서 학교에서 돌아오면 우선 무언가를 먹고 감정이 폭발하려고 할 때도 무언가를 입에 넣으라고 말해주었습니다. 초등학교에 입학한 지 얼마 되지 않았을 때는 스스로 대처하기가 쉽지 않았지만 중학생이 되고 나서는 분노가 폭발하려고 하거나 눈물이 멈추지 않을 때 우선 배를 채우도록 스스로 신경쓰게 되었습니다.

감정 폭발에 관해 이야기할 때는 바로 짜증을 가라앉히기를 바라지 말고 이야기를 하는 과정 자체에 의미가 있다고 생각해야 합니다. **아이가 자신을 이해하고, 지금 느끼는 감정과 어떻게 마주해야 하는지 충분히 고민한 뒤 행동으로 옮기는 것이 중요합니다. 이는 분명 장차 아이의 인생에도 도움이 됩니다. 또 함께 이야기를 나누**

고 고민하면서 부모와 자식 사이의 유대감도 깊어집니다.

부모가 아이 기분을 편하게 해주는 것이 아니라 아이가 스스로 자신의 기분을 다스리는 힘과 기술을 습득할 수 있게 도와주어야 합니다.

포인트 ⑥

아이에게 부정적인 꼬리표를 달지 않는다

부끄럼쟁이, 내향적, 신경질적, 소심하다, 겁쟁이, 울보, 나약하다, 행동이 굼뜨다, 과장된 말과 행동을 한다, 멍하다, 우유부단하다…… 예민한 아이의 말과 행동을 보고 있으면 이런 말이 절로 나옵니다.

아이 앞에서 이런 말을 입 밖으로 내뱉지 않도록 주의해야 합니다. 어린아이는 아직 자신이 어떤 사람인지 모릅니다. 자신을 객관화하는 '메타인지력'이 덜 발달했기 때문입니다. 이때 주변에서 하는 말의 영향력은 상당히 큽니다. 하물며 주변의 생각이나 감정을 스펀지처럼 받아들이는 예민한 아이는 더 그렇습니다. **부정적인 말을 하면 그 말을 곧이곧대로 받아들여 '나는 겁쟁이인 데다가 할 줄 아는**

게 없는 애야'라고 생각해버릴지도 모릅니다.

일본에서는 겸손이 미덕이라고 여겨지는 탓에 아이를 칭찬하면 오히려 그 앞에서 아이의 단점을 나열하는 부모가 많습니다. 예를 들어 "○○는 다른 친구들 마음도 잘 알아주고 정말 좋은 아이네요"라고 아이를 칭찬하면 "아니에요. 이 아이, 작은 일에도 전전긍긍하고 소심하고 겁도 많고 그래요"라고 답하는 식입니다. 미국에서는 칭찬을 받으면 바로 "맞아요. 우리 애는 동생도 잘 챙기고 눈치가 빨라서 제가 도움을 받을 때가 많아요"라고 아이의 장점을 늘어놓는 사람들이 꽤 많습니다. 저는 일본에서 태어나고 자랐기 때문에 처음에는 흠칫 놀랐지만 지금은 '그런 말이 아이에게는 긍정적인 영향을 주겠구나'라고 생각합니다. 아이 자신도 '부모님이 나를 이렇게 좋게 생각해주네' 하고 자기를 좀더 긍정할 수 있게 되겠지요.

자기 아이를 눈앞에서 칭찬하는 것이 익숙하지 않더라도 누군가의 칭찬을 받으면 적어도 "그렇게 말씀해주시니 기분이 좋네요. 고맙습니다"라고 편하게 받아들였으면 합니다. 그리고 나중에 아이에게 "너는 친구들 마음을 잘 알아주는 정말 좋은 아이지"라고 이야기해주세요. 예민한 아이는 다른 사람이 자기 이야기를 하고 있다고 느껴지면 평소보다 더 귀를 쫑긋 세우고 듣는 경우도 많습니다.

리프레이밍을 습관화하자

단점은 때때로 장점이 되기도 합니다.

아이에 대해 부정적인 말이 떠올랐을 때는 그 말을 리프레이밍 reframing 해보는 것도 방법입니다. '리프레이밍'이란 대상을 다른 각도로 바라보는 것입니다. 쉽게 말하면 '다르게 표현하기'입니다.

예를 들면 '부끄럼이 많다' '겁이 많다'라는 말은 '감수성이 풍부하다'로 표현할 수 있고, '내향적이다' '소심하다'라는 말은 '사려 깊다'라는 말로 바꿀 수 있습니다. '신경질적이다' '주변을 지나치게 의식한다'는 '주의력이 뛰어나다'로, '울보' '겁쟁이'는 '착하다'로, '행동이 굼뜨다'는 '당황하지 않고 침착하다'로, '과장된 말과 행동을 한다'는 '감정이 풍부하다'로, '멍하다'는 '여유롭다'로, '우유부단하다'는 '모든 일을 다각적으로 생각한다'로 바꿀 수 있습니다.

애런 박사가 저서에서 "예민한 아이에게 이상적인 아빠"라고 소개한 짐도 리프레이밍을 활용합니다. 짐은 예민한 딸 릴리가 "나는 소극적이고 겁이 많으니까"처럼 자신의 기질에 대해 부정적인 말을 할 때마다 "너는 항상 세심하게 관찰해서 일을 정확하게 처리하는 걸 좋아하지"라고 말해주었습니다.

우리집에서도 둘째가 "난 왜 이렇게 우유부단할까? 선택지가 여러 개 있으면 결정을 잘 못하겠어"라고 한숨을 쉬길래 "너는 하나만 보고도 다양한 가능성을 생각하고 신중하게 고민하잖아. 그건 정말 엄청난 능력이란다"라고 말해주었더니 순간 표정이 확 밝아지더군요. 그 뒤에는 "나는 우유부단해"라며 침울해하는 일도 없어졌습니다.

리프레이밍을 활용해서 아이를 대하면 아이는 자신의 장점을 발견하고 자신감을 되찾을 수 있습니다. 부정적인 면을 먼저 보는 예민한 아이는 긍정적인 면도 함께 떠올리도록 도와주어야 합니다.

포인트 ⑦
좋아하고 잘하는 일, 푹 빠져서 할 수 있는 일을 찾는다

예민한 아이에게 좋아하는 일, 특기, 푹 빠져들 수 있는 일은 부적과도 같습니다. 우리 아이들도 그렇지만 예민한 아이들을 많이 만나보며 확신하게 되었지요. 주변 사람들의 생각이나 감정을 마치 자기 일처럼 느끼는 예민한 아이에게 내면에서 솟구치는 '좋아!' '하고 싶어!' 같은 강렬한 감정은 스스로 전진하는 원동력이 됩니다.

우리집 이야기를 예로 들면, 예민해서 학교에 적응하지 못했던 막내가 축구에 푹 빠지면서 학교에서도 공원에서도 친구들과 거리낌 없이 뛰어다니며 놀 수 있게 되었습니다. 막내가 축구를 시작한 지 3년이 되었는데 그렇게 낯을 가리던 아이가 지금은 이사 간 곳에

서도 축구를 하고 싶어서 자기가 먼저 모르는 아이들이 있는 축구 모임에 들어가기도 했습니다. 일상에서 예전보다 사람들에게 자신의 마음을 잘 전할 수 있게 된 것도 축구를 하며 큰 소리로 "여기로 패스해!"라고 외쳤던 경험 덕분이라고 생각해요.

아이들이 좋아하는 일을 찾아내는 방법

이 이야기를 하면 예민한 아이를 키우는 부모들은 항상 이렇게 질문합니다. "어떻게 하면 아이가 좋아하는 일을 찾아낼 수 있을까요?"

어려운 질문입니다. 처음부터 눈을 초롱초롱하게 뜨고 관심을 보인다면 쉽게 알아차릴 수 있겠지만 그 정도로 눈에 띄는 반응을 보이지 않는 아이도 많습니다. 막내도 처음부터 눈을 반짝이며 축구에 관심을 보였던 것은 아닙니다. 시작은 누나의 축구 연습과 시합을 보러 간 일이었습니다. 당시에는 낯선 아이들이 서로 공을 차지하겠다고 다투는 모습을 보고 무섭다고 했지만, 초등학교 1학년 때 "누나가 가면 나도 갈게"라며 3일 축구 체험 이벤트에 참가했습니다. 막내에게 그 시간이 즐거웠나봅니다. 물론 그렇다고 해서 "나 축구 할 거야!"라고 말한 것은 아니었습니다. 2학년이 되고 나서 "축구부 할래?"라고 질문해도 "글쎄" 하고 미적지근한 반응을 보였습니다. 다만 싫지는 않은 듯해서 "그럼 해보자!"라고 제안했습니다. 막내는 머뭇머뭇하며 참가했지요. 주 2회 연습을 3개월 정도 하자 조금씩 재미를 느꼈다고 합니다.

싫어하지 않는다면
꾸준히 시켜보고 상황을 살피자

열정은 발견되는 것이 아니라 키워지는 것이라는 말이 있습니다. 처음부터 불타오르는 열정을 이끌어내려 하지 말고 하다 보면 조금씩 열정의 불씨가 타오를 수 있다고 생각해야 합니다. 그 불씨에 장작을 넣어 서서히 강한 불길로 키우는 방식이 현실적입니다.

아이들에게서 작게나마 **관심의 불씨**를 발견한다면 그 관심을 마음껏 펼쳐갈 수 있도록 뒤에서 도와주어야 합니다. 불씨가 보이지 않더라도 싫어하는 것은 아니니 조금씩 꾸준히 시켜보고 반응을 보는 것이 중요합니다.

결과에 연연하지 말고 다양한 경험을 할 기회를 조금씩 제공해주어야 합니다. 그렇게 하다 보면 그중에서 '이건가?' 하는 생각이 들 정도로 관심의 씨앗을 보여주는 때가 분명 있을 것입니다.

포인트 ⑧

아이 편이 되어 안전한 베이스캠프나 충전 가능한 장소를 만들어준다

예민한 아이를 키우다 보면 마치 애정을 받아들이는 '마음의 그릇'이 밑이 빠진 것 아닌가 싶기도 합니다. 부모는 충분한 사랑을 주고 있다고 여겼지만 아이는 자신감이 없어 보이거나 부모 옆에서 떨어지지 않거나 불안해하기도 합니다. '부모의 애정이 부족해서 그런가?' 하고 걱정이 될 정도입니다.

하지만 예민한 아이 안에 있는 마음의 그릇은 바닥이 뚫린 것도 아니고 부모의 애정이 부족해서 채워지지 않는 것도 아닙니다. 예민한 아이는 아주 사소한 일에도 강하게 감정이 흔들리기 때문에 약간의 실패나 싫어하는 일을 경험한 것만으로도 마음의 그릇이 순식간에 말라버립니다. 그래서 예민한 아이에게는 마음의 그릇을 채울 기회를 많이 만들어주어야 합니다. "엄마는 널 사랑해" "아빠는 언제나 네 편이야"라고 **아이가 조건 없는 애정을 느낄 수 있도록 매일 신경 써주어야 합니다.**

매일 시간을 정해서 조건 없는 사랑을 표현한다

'조건 없는 사랑을 표현한다'라는 말이 아이가 무슨 요구를 하든 "그래, 알았어" 하며 다 받아주라는 의미는 아닙니다. 아이와 제대로 관계를 맺으려면 해서는 안 되는 일은 "안 돼"라고 말해주고, 해야 하는 일이나 하지 않았으면 하는 일에 대해 이야기를 나누어야 합니다. 서로 화내거나 부딪힐 일도 생깁니다. 조건 없는 사랑을 전한다는 말은 그러한 갈등을 거듭하며 "그래도 나는 너를 소중하게 생각하고 사랑하고 있어"라고 끊임없이 이야기해준다는 뜻입니다.

정해진 시간에 매일 아이에게 변함없는 사랑을 전하는 것도 방법입니다. 아침에 일어났을 때, 집을 나설 때, 귀가했을 때, 어린이집이나 학교에 데려다주고 데리고 올 때, 자기 전 등을 예로 들 수 있겠지요. 그때는 자세를 낮춰 아이와 눈을 맞추고 입꼬리를 올려 미소를 지은 뒤 진심을 담아 "좋은 아침이야" "조심히 다녀와" "잘 갔다왔어?" "잘 자" 등의 말을 건넵니다. 가능하면 안아주거나 손을 꽉 잡는 등의 스킨십을 하면서 사랑한다고 말해주면 좋습니다.

아이는 매일 반복해서 이런 말을 들으면 '무슨 일이 있어도 난 돌아올 곳이 있어. 엄마도 아빠도 날 항상 소중하게 생각해'라며 부모의 사랑을 확인하고 마음을 놓을 수 있습니다.

우리집도 낮에는 시간이 맞지 않아 못할 때도 있지만 아침과 자기 전에는 잊지 않고 하려고 합니다. 아침에는 "잘 잤어? 사랑해"라고 말하며 안아줍니다. 자기 전에는 가족 모두가 한 방에 모여 그날 있었던 일, 즐거웠던 일에 대해 이야기하며 감사의 말을 전하고 안아주면서 "잘 자, 사랑해"라고 말합니다. 이렇게 매일 반복하는 애정 표현이 아이의 마음의 그릇을 편안함으로 채워줍니다.

하루에 5분이라도 함께 시간을 보낸다

아이가 안심할 수 있는 관계나 장소를 만들려면 아이와 즐거운 시간을 보내는 것이 효과적입니다.

오랫동안 아이의 불안감에 대해 연구해온 보스턴대학교 교수, 도

나 핀커스에 따르면 아이와 함께 있을 때 아이에게 질문, 비판, 지시를 전혀 하지 않고 오롯이 아이에게만 집중해 즐거운 시간을 보내면 아이의 불안감은 현저히 줄어든다고 합니다.

스케줄을 조정해 **휴식시간을 확보하는 일**도 중요합니다. 예민한 아이는 사소한 일에도 오감과 사고, 감정을 모두 사용하기 때문에 그만큼 쉽게 지칩니다. 휴식시간을 충분히 확보해 조금씩 충전을 해주어야 합니다.

우리 아이도 혼자 시간을 보내는 것을 좋아합니다. 방에 틀어박혀 뒹굴뒹굴 음악을 듣거나 그림을 그리거나 책을 읽거나 멍하니 망상에 빠지거나 반려견과 노는 시간이 아이들의 마음을 치유해줍니다. 충분히 충전을 하고 나면 예민한 아이는 다시 바깥세상으로 나갈 힘을 얻습니다. 그러니 항상 일정 가운데 충분한 휴식시간이 있는지 점검해야 합니다.

포인트 ⑨
벌 또는 보상을 주거나, 협박이나 인격을 부정하는 훈육은 하지 않는다

혹시 이런 말로 아이를 혼내거나 훈육하지는 않나요?

"말 안 들으면 주말에 놀러 못 가!"
"조용히 하면 과자 줄게."
"그렇게 네 생각만 하면 귀신이 잡으러 온다!"
"예의 바르게 행동해야지. 창피하다. 정말!"

아이를 혼낼 때 무심코 내뱉는 말입니다. 부모에게 이런 말로 혼

나거나 훈육을 받은 이들도 많을 것입니다. 저도 그중 한 명입니다. 하지만 이러한 훈육 방식은 아이에게 도움이 되지 않습니다. 예민한 아이에게는 특히 나쁜 영향을 줄 가능성도 있습니다.

아이를 통제하는 행동의 폐해

이러한 훈육 방식은 벌, 보상, 협박, 인격 부정으로 아이를 통제하는 방법입니다.

"말 안 들으면 주말에 놀러 못 가!"는 벌이고 "조용히 하면 과자 줄게"는 보상입니다. "그렇게 네 생각만 하면 귀신이 잡으러 온다!"는 협박이고 "예의 바르게 행동해야지. 창피하다. 정말!"은 아이에게 부정적인 꼬리표를 달고 아이의 인격을 부정하는 훈육 방식입니다.

이런 식으로 아이를 혼내고 훈육 하면 아이는 벌을 받는 게 싫어서, 보상을 받고 싶으니까, 협박은 무서우니까, 부끄러우니까 부모의 말을 듣게 됩니다. 즉 자발적 동기가 아니라 주변 어른들의 눈치를 보고 타인이 정한 기준으로 상황을 판단합니다. 안 그래도 주변의 기대에 부응하려고 애쓰는 예민한 아이에게 도움이 되는 방법은 아니지요.

예민한 아이는 특히 벌이나 협박, 인격을 부정하는 말로 강하게 압박하면 감정적으로 동요해 평소처럼 사고하기 힘들어집니다. 스스로 생각해 판단하기는커녕 '무서워' '난 안 돼' 등 부정적인 감정만 남게 됩니다. 평소 밤에 잠들기 무서워하는 아이에게 "귀신 나온다!"라고 협박하면 점점 더 자지 않으려고 할지도 모릅니다.

심리학에서는 '창피하다'라는 말이 '너는 창피한 존재'라고 하는 인격을 부정하는 메시지를 줄 수 있다고 합니다. 애런 박사도 예민한 아이에게 그런 말을 해서는 안 된다고 말합니다. 이러한 방법을 사용하면 예민한 아이는 위축되고 점점 더 진심을 숨기게 됩니다. 그렇게 되면 부모가 '내 편' '안전한 베이스캠프'라는 안정감을 줄 수 없습니다.

예민한 아이는 강하고 엄하게 혼낼수록 겉으로 보기에는 얌전하고 말도 잘 듣는 착한 아이로 보일 수 있습니다. 하지만 그 폐해가 매우 크다는 점을 명심해야 합니다.

예민한 아이를 주체적으로 키우는 육아법

3

아이가 잘못하는 것만 보지 말자

예민한 아이를 키울 때 우선 부모는 아이가 잘못하는 부분만 보는 버릇을 고쳐야 합니다. '이것도 못하고 저것도 못한다'든지 '여러 번 말했는데도 안 되네'라든지, 부모는 아이가 성장했으면 하는 마음에 무심결에 단점이나 부족한 부분을 언급하며 지적하는 경우가 많습니다. 하지만 부정적인 부분을 지적하기보다는 장점을 발견해서 이야기해주는 방식으로 바꾸면 아이가 더 주체적이고 적극적으로 움직인다는 사실이 많은 연구를 통해 입증되었습니다.

단점을 지적하는 코치가 지도하는 팀과
장점을 강조하는 코치가 지도하는 팀의 차이

저도 막내의 축구팀 시합 상대를 관찰하면서 단점을 지적하는 방식보다 장점을 언급하는 방식이 아이의 성장에 도움이 된다는 사실을 몸소 느꼈습니다.

주의 깊게 살펴보면 축구팀 코치는 대부분 '단점을 지적하는 코치'와 '장점을 강조하는 코치'로 나뉩니다. 단점을 지적하는 유형의 코치는 주로 "뭐 하는 거야!" "대체 몇 번이나 같은 실수를 하는 거냐고!" "머리를 써야지!" 등 선수들이 잘하지 못했을 때 집중적으로 부정적인 말을 합니다. 반면 장점을 언급하는 유형의 코치는 "그렇지, 잘했어!" "좋아, 그렇게 하면 돼!" "지금 패스 좋았어!" 등 잘했을 때 긍정적인 말을 합니다.

단점을 지적하는 코치가 있는 팀은 날카로운 분위기 속에서 아이들의 표정도 굳어 있고 실수를 하지 않으려다 보니 몸에 힘이 들어갑니다. 한편 장점을 언급해주는 코치가 있는 팀은 아이들의 표정도 밝고 가벼운 움직임으로 경기장을 누빕니다. 실수해도 동료들끼리 "괜찮아, 괜찮아!" "차분하게 하자!"라고 하며 서로 격려하고 그 누구도 비난하지 않습니다. 그 때문인지 장점을 언급하는 코치가 있는 팀은 허

를 찌르는 패스를 하거나 놀라운 각도에서 골을 넣는 등 틀에 박히지 않은 개성 넘치는 플레이를 자주 보여줍니다.

아이의 눈이 반짝이길 원한다면 단점을 지적하지 말고 장점을 강조하자

사람들의 말이나 태도에 예민하게 반응해 동요하거나 상처받기 쉬운 아이가 단점을 지적당하면 더 긴장한다는 사실은 충분히 예측할 수 있지요.

우리 집에서도 매번 둘째에게 "동생들에게 조금 더 따뜻하게 말할 수 없니?"라고 주의를 주던 시기가 있습니다. 하지만 좀처럼 바뀌지 않았고 오히려 반발심을 드러낼 때도 있었습니다. 그래서 둘째를 잘 관찰해보니 동생들에게 따뜻하게 말할 때도 많았습니다. 엄하게 말할 때는 동생들이 약속을 지키지 않거나 변명을 할 때 등이었지요. 둘째 나름대로 동생들을 좋은 방향으로 이끌기 위해서 애쓰고 있었던 것입니다.

그래서 저는 방법을 바꾸었습니다. 평소에 둘째가 따뜻한 말투로 말할 때 "네가 따뜻하게 말해주니까 동생들이 좋아하네" "예쁘게 말해줘서 고마워"라고 여러 번 이야기했지요. 그러자 둘째는 조금씩

SHY

동생들에게 부드러운 태도를 보이기 시작했습니다. '엄마가 날 지켜봐주고 있구나' 하는 생각이 들어 마음이 놓였기 때문이 아닐까 싶습니다.

못하는 부분보다 잘하는 부분을 강조해서 말해주는 게 아이의 반짝거리는 표정을 이끌어내는 데 더 효과적이라는 사실을 실감했습니다. 무엇인가를 가르칠 때 가장 좋은 방법은 **잘 못하는 일을 언급하기보다는 잘하는 일을 인정해주는 것**입니다.

칭찬보다는 인정·기쁨·감동·격려·감사를 전하자

아이가 무슨 일을 잘하고 있을 때 '지켜보고 있어'라는 메시지를 전달하기 위해 과도하게 칭찬할 필요는 없습니다. 칭찬은 보상과 같은 역할을 합니다. 그래서 아이를 키울 때 칭찬이 무조건 좋기만 한 것은 아닙니다. 지나치게 칭찬을 많이 하면 보상을 바라고 행동하는 아이가 될 우려가 있습니다. 또 칭찬하는 쪽이 위, 칭찬을 받는 쪽이 아래라는 상하관계를 만듭니다.

칭찬은
평가하는 것이다

다음 말들을 자신에게 한번 해보세요.

☞ 칭찬 "동생한테 따뜻하게 말하네. 잘했어!"

☞ 인정 "동생한테 따뜻하게 말하는구나."

☞ 기쁨 "동생한테 따뜻하게 말해주니까 동생도 기쁜가봐."

☞ 감동 "어머, 어쩜 이렇게 따뜻하게 말하니."

☞ 격려 "말투가 점점 따뜻하게 바뀌었어."(지금까지의 변화)
"말투가 점점 따뜻해지네."(앞으로의 변화)

☞ 감사 "동생에게 따뜻하게 말해줘서 고마워."

이렇게 비교하며 들어보면 느낌이 조금씩 다르지 않나요? 칭찬은 내가 우위에 서서 평가하는 느낌이 듭니다. 한편 **인정, 기쁨, 감동, 격려, 감사는 대등한 위치에서 아이와 함께 행복해한다는 느낌**이 듭니다. 예민한 아이는 이러한 뉘앙스를 민감하게 받아들입니다. 아이가 커갈수록 그러한 경향은 더 강해지지요.

우리 집에서도 청소년 시기에 아이를 칭찬했더니 "날 뭘로 보는 거야"라는 답이 돌아왔습니다. 그보다는 옆에서 "와, 잘됐다!"와 같이 함께 즐거워하고 감동하고 고마워하는 모습을 보여주면 아이들이 자신의 장점을 유지하며 성장할 수 있습니다.

지시·명령형보다 질문형으로 말한다

아이의 행동은 어른들이 어떻게 말하느냐에 따라 많이 달라집니다. 풍부한 감수성을 가진 예민한 아이는 더 그렇습니다. 같은 내용이라도 **지시·명령형**이 아니라 **질문형**으로 말하면 듣는 사람도 다른 인상을 받습니다.

다음에 예로 든 말을 소리 내서 읽어보고 듣는 사람의 기분을 상상해보세요. 다만 질문형으로 말할 때 몰아세우는 듯한 말투를 취하면 지시·명령형과 비슷한 느낌을 줄 수 있습니다. 정말 궁금해서 호기심을 가지고 물어본다는 마음으로 질문을 해보시기 바랍니다.

숙제해! | 지시·명령형

숙제는 언제 할 거야? | 질문형

재킷 깜빡하지 말고 꼭 챙겨! | 지시·명령형

밖에서 추위에 떨지 않으려면 어떻게 하면 좋을까? | 질문형

장난감 좀 치워! | 지시·명령형

장난감 가지고 논 뒤에는 어떻게 하기로 했었지? | 질문형

양치하고 와! | 지시·명령형

하루일과표에는 자기 전에 무엇을 한다고 쓰여 있어? | 질문형

칭얼거리면서 말하지 마! | 지시·명령형

어떻게 말하면 엄마가 잘 이해할 수 있을까? | 질문형

빨리 옷 갈아입어. 그러다 버스 놓쳐! | 지시·명령형

늦지 않고 버스를 타려면 지금 무엇을 해야 할까? | 질문형

예민한 아이에게 지시·명령은 언어폭력이다

제가 주최하는 육아 세미나에서 부모들이 실제로 보였던 반응을 소개하겠습니다. 우선 지시·명령형에 대한 반응입니다.

- '시끄럽네' 하고 흘려듣고 싶어진다.
- '내가 하나 봐라' 하는 반발심이 든다.
- 일단 경직돼서 생각이 멈춘다.

다음으로 질문형에 대한 반응입니다.

- '음, 어떻게 하지?' '어떻게 하기로 했더라?' 하고 우선 생각하게 된다.

지시·명령형으로 이야기하면 '반발한다, 도망간다, 경직된다'와 같은 반사적인 반응을 일으키기 쉽습니다. 한편 질문형으로 말하면 있는 그대로 받아들이려는 모습을 보입니다. 어른들도 이렇게 느끼는데 하물며 예민한 아이에게 지시·명령형 말투는 과도한 자극이어서 폭력적으로 다가옵니다.

예민한 아이를 나도 모르는 사이에 위축시키지 않기 위해, 주체적으로 생각하는 아이로 키우기 위해 말을 하기 전에 가능하다면 호흡을 한 번 가다듬고 질문형으로 말하면 좋습니다.

재촉하는 대신에 하루일과표를 함께 만든다

'아침에 나갈 준비를 할 때부터 집에 돌아와서 잠들 때까지 오늘도 몇 번이나 아이에게 빨리하라는 말을 한 거지……' 하고 많은 부모가 하루를 돌아보며 반성합니다. 예민한 아이는 "빨리해!"라고 재촉하는 말을 들으면 긴장감이 급격히 높아져 동요할 때가 많습니다. 그러면 '다음에는 이 일을 하고 그다음에는 저 일을 하고……'처럼 단계적으로 사고하지 못하는 채로 굳어져서는 평소에는 잘하던 일도 힘들어합니다. 그렇다면 빨리하라고 소리치는 대신에 어떻게 하면 좋을까요? 어떻게 하면 아이가 주체적으로 하루 일과를 마칠 수 있을까요? 그럴 때 **하루일과표**를 만들면 효과적입니다.

하루일과표 만드는 법

우선 하루일과표는 **아이 스스로 '내가 만들었다!'라고 느끼는 것이 가장 중요**합니다. 그래서 부모가 주도적으로 만들면 안 됩니다.

- 순서 ① "자기 전에 무엇을 할까?"라고 물어봅니다. "잠옷으로 갈아입기!" "씻기!" "양치하기!"와 같은 답을 할 것입니다.
- 순서 ② 아이가 스스로 답을 적습니다. 아직 글씨를 쓰지 못한다면 대신 써줍니다.
- 순서 ③ 이야기를 나누면서 일과를 순서대로 나열하고 번호를 매겨 표를 만듭니다.
- 순서 ④ 유아나 초등학생이라면 문자 옆에 그 행동을 나타내는 그림(욕조나 칫솔 등)을 그리게 합니다. 힘들어하면 엄마가 그림을 그리고 아이에게 색칠하게 해도 좋습니다. 아이가 실제로 그 일을 하는 모습을 사진으로 찍어 옆에 붙여주는 것도 좋은 방법입니다.
- 순서 ⑤ 완성된 계획표를 거실이나 부엌 등 아이 눈에 잘 띄는 장소에 붙입니다.

아침에 일어나서 나가기까지, 유치원이나 어린이집에서 돌아와

아침

외출복으로 갈아입기

아침밥 먹기

양치하기

신발 신기

"다녀오겠습니다!"

저녁

목욕하기

양치하기

책 읽기

그날 있었던 일
이야기하기

"안녕히 주무세요!"

저녁을 먹을 때까지 일상 속 다양한 상황에서 해야 할 일들을 정리한 하루일과표를 만들어봅시다.

하루일과표 활용 방법

"빨리 ○○해!"라는 말이 입 밖으로 나올 것 같으면 "이제 무엇을 해야 하지?"라고 질문합니다. '하루일과표는 내가 만든 거야!'라는 생각이 강할수록 아이는 일과표에 적어둔 일을 더 잘 해내려고 합니다. 점점 익숙해져서 계획표가 그저 벽의 일부처럼 느껴질 수 있으니 때때로 계획표를 다시 만듭니다. 그림을 다시 그리거나 새로운 계획표를 만들면 기분전환도 됩니다.

우리 집에서는 평소 계획표 외에도 여름방학이나 겨울방학 계획표, 가사일 돕기 계획표 등을 고등학생이 될 때까지 함께 만들어 벽에 붙였습니다. 계획표를 만들어 벽에 붙이니까 부모도 아이도 서로 부딪히고 다투는 일이 줄어 많이 편해졌습니다.

빨리하라는 말 대신 계획표를 활용해서 아이가 더욱 주체적으로 생활할 수 있도록 생활 습관을 길러주면 어떨까요?

해서는 안 되는 일보다 할 수 있는 일을 알려주자

첫째와 둘째가 다니던 유치원에서 1년 동안 아르바이트를 한 적이 있습니다. 아직 어렸던 셋째를 포대기로 업고 아이들과 함께 산책하거나 유치원 교실로 사용하던 선생님의 집을 정리하는 일을 했지요.

유치원 선생님은 하버드대학원에서 심리학을 공부했고 심리학자로서 여러 해 동안 성인을 대상으로 심리상담을 했습니다. 그 결과 '문제의 씨앗은 유소년기에 있다'라는 사실을 뼈저리게 느끼고 유치원 선생님이 된 분이었지요. 심리전문가인 선생님께 한 가지 배운 점은 **아이가 부적절한 행동을 했을 때 안 된다고만 하지 말고 할 수 있는 일을 말해준다**는 것이었습니다.

만약 친구를 때린 아이가 있다면 "안 돼!"라고 혼내지 말고 이렇게 해야 합니다. 우선 자세를 낮춰 아이와 눈높이를 맞추고 아이의 손을 두 손으로 감싸 온기를 전달합니다. 그 아이의 손을 쓰다듬고 꼭 쥐면서 "손은 다른 사람을 때리기 위한 것이 아니라 상대를 부드럽게 쓰다듬거나 손을 꼭 잡아줄 때 쓰는 거야"라고 가르쳐줍니다. 마당에서 갈퀴를 무턱대고 휘두르는 아이가 있다면 옆에 가서 떨어진 낙엽을 모으면서 "갈퀴는 휘두르는 도구가 아니라 땅에 있는 것을 긁어모으는 데 쓰는 거야"라고 말해줍니다.

금지하지 말고 다른 길을 가르쳐준다

"때리면 안 돼!" "갈퀴를 막 휘두르면 안 돼!"라고 무조건 혼내면 대부분의 아이는 반발, 회피, 경직과 같은 반응을 보입니다. 비상사태를 잘 감지하는 예민한 아이는 더 강하게 반응합니다. 큰 목소리로 혼내거나 말투나 태도가 강할수록 더 놀라서 몸이 굳어지고 어떻게 하면 좋을지 판단력이 흐려집니다.

전력으로 질주하고 있는데 거대한 벽이 갑자기 앞에 나타난 상황과 비슷하지요. 그렇게 눈앞을 무작정 가로막는 것이 아니라 "이쪽으로 가면 된단다"라고 다른 길을 안내해줍니다.

- 시끄럽게 하지 마! ▶ **조금 소곤소곤 이야기하면 안 될까?**
- 쓰레기 아무 데나 버리면 안 돼! ▶ **이건 어디에 버리면 좋을까?**
- 안 돼! 장난감 그만 사! ▶ **장난감은 생일날 사줄게.**
- 밥 먹기 전에 과자 먹으면 안 되지. ▶ **30분 후에 저녁 먹을 거야.**

이렇게 이야기하면 예민한 아이도 거부감 없이 받아들이고 편하게 행동합니다.

실패를 대하는 부모의 태도에 따라 아이의 성장도 달라진다

예민한 아이는 일이 잘 안 풀렸을 때 주변 아이보다 몇 배나 더 충격을 받습니다. 그리고 한층 더 실패를 두려워하게 되어 좀처럼 걸음을 내딛지 못하게 됩니다. 예민한 아이가 마음껏 능력을 발휘하게 하려면 실패에 대한 두려움을 최대한 없애주어야 합니다.

스탠퍼드대학교 심리학과 교수 캐럴 드웩의 연구에 따르면 **어른이 아이의 실수나 실패에 대응하는 방식이 아이의 성장에 영향을 준다**고 합니다. 예를 들면 시험에서 좋지 않은 성적을 받은 아이를 보고 '우리 아이는 재능이 없어'라고 포기해버리는 부모보다 '어떻게 하면 좋아질 수 있을까?'라며 고민하고 행동하는 부모의 아이가 더 많이 성장하는 것이지요. **실패를 부정적으로 받아들이고 그 아이의 능력을 '여기까지'라고 단정해버릴지, 실패를 배울 기회라고 생각해서 긍정적으로 받아들이고 '앞으로 더 잘 할 수 있어!'라는 마음으로 행동하는지에 따라 아이는 크게 성장할 수도 그렇지 못할 수도 있습니다.**

주변의 기대나 기분을 매우 민감하게 받아들이는 아이는 자신이 저지른 실수에 대해 본인도 큰 충격을 받은 상태입니다. 거기에 부모가 부정적인 태도를 보이면 상처에 소금을 뿌리는 격입니다. 반대로 주변 어른이 실패를 다음 성공으로 가기 위한 밑거름이라고 생각하고 격려해준다면 예민한 아이도 '실패를 성공을 위한 밑거름으로 삼으면 된다'라고 조금씩 생각을 바꾸게 될 것입니다.

아이가 실패했을 때 부모가 해야 하는 일

아이가 시험에서 좋지 않은 성적을 받았을 때 어떻게 대응하면 좋을지 생각해봅시다. 우선 아이가 충격을 받은 듯하다면 "속상하겠다"라고 공감해줍니다. 그리고 아이의 기분이 조금 안정되면 대화를 합니다. "시험은 네가 똑똑한지 아닌지를 확인하려는 게 아니야. 네가 무엇을 공부해야 하는지 알아보기 위해서 하는 거야"라고, 시험이란 몰랐던 것들을 배울 수 있는 기회라고 알려주어야 합니다. 그리고 어느 부분이 어려웠는지 찾아보고 공부를 한 뒤 "시험 덕분에 몰랐던 것을 새로 알게 되어서 다행이다"라고 성장한 부분을 칭찬해줍니다.

마지막으로는 "다음부터는 시험 보기 전에 어떻게 하면 좋을까?"라고 질문을 합니다. 그렇게 하면 '잘 모르는 부분을 정리해둔다'라거나 '시험 전에는 텔레비전을 보지 않는다'라는 등 자기 나름대로의 대책을 생각해낼 수 있습니다.

이렇게 **하나의 실패가 다음 단계의 밑거름이 되는 경험을 거듭하면 예민한 아이도 실패에 대한 두려움을 조금씩 이겨낼 수 있습니다.** 부모의 작은 행동 하나하나까지 신경 쓰는 예민한 아이에게는 부모가 실패를 통한 배움에 집중하는 모습을 보여주거나 실패가 나쁘지만은 않다는 말과 생각을 표현하는 것도 도움이 됩니다.

일상 속 작은 실패도 개선의 기회로 삼자

일상에서 작은 실수나 실패를 했을 때도 아이를 혼내거나 어이없다고 생각하지 말고 다음에는 실수하지 않도록 개선하는 일이 필요합니다. 예를 들면 수납장에서 접시를 꺼내려고 하다가 손이 미끄러져 접시를 깨뜨린 경우, "꺼내기 쉽게 이렇게 놓아두면 좋았겠다"라고 하며 접시 놓는 장소를 바꿉니다. 잘못된 길로 갔을 때는 "그런데 잘못된 길로 간 덕분에 맛있는 빵집을 발견했네"라고 긍정적으로 받아들이는 말을 해줍니다. 주변의 누군가가 실패했을 때도 부정적인 말을 하지 않아야 합니다.

그렇게 **실패를 성공의 밑거름으로 삼고 부모와 아이가 함께 실패에 대한 두려움을 극복하는 것이 좋습니다.**

무조건 추궁하지 말고 죄책감을 느낄 아이를 보듬어주자

어릴 때부터 주변의 기대에 매우 예민하게 반응하는 아이가 무심결에 해서는 안 되는 일을 했을 때, 아이의 내면에는 강한 죄책감이 밀려옵니다. 예를 들면 "다 같이 나눠 먹자" 하고 테이블 위에 올려놓은 쿠키를 가족들이 외출한 사이에 혼자 다 먹어버렸을 때, 배는 채워졌지만 동시에 '앗, 큰일 났다'라는 생각도 합니다. 그런데 만약 "너 왜 그랬어? 다 같이 먹자고 했잖아!"라고 혼내면 순간적으로 "내가 먹은 거 아니야"라거나 "언제 그런 말 했어!"라고 거짓말을 하는 등 필사적으로 자신을 보호하려고 할지도 모릅니다.

이럴 때 예민한 아이가 자신의 잘못을 자각하고 있다는 사실을 전

제로 대응해야 합니다. 구체적으로는 '이게 어떻게 된 일이지?' 하는 표정으로 쿠키와 아이의 얼굴을 바라보는 것만으로도 충분한 경우가 많습니다. 어색한 표정으로 그 자리를 뜨려고 하는 아이를 불러 세워 "너무 맛있는 쿠키라서 가족들이 올 때까지 못 참은 거야?"라고 물어봅니다. 가능하면 아이에게 다가가 자세를 낮추고 눈을 마주치면서 따뜻한 목소리로 이야기합니다. 그러면 끄덕거리거나 "응"이라고 솔직하게 말할 것입니다. 그러면 우선 "그렇구나. 사실대로 말해줘서 고마워"라고 솔직하게 말했다는 사실을 인정해줍니다. 그리고 "맛있는 쿠키니까 다들 기대하고 있었어"라고 말합니다. 이 방법이 무조건 화내고 혼내는 것보다 예민한 아이의 마음에 더 와닿을 것입니다.

아이가 고개를 푹 숙이거나 운다면 등을 쓰다듬어주면서 자신의 잘못 때문에 힘들어하는 아이의 마음을 보듬어줍니다.

아이 내면의 도덕성을 키우자

아이를 이렇게 대하면 예민한 아이는 **내면의 도덕성**을 키울 수 있습니다. '들키면 혼나니까 안 해야지, 들키지만 않으면 돼'라고 다른 사람의 시선을 판단 기준으로 삼지 않고 자신만의 기준으로 옳고 그름을 판단해 주체적으로 해야 할 일과 해서는 안 되는 일을 선택할 수 있게 됩니다.

특히 다른 사람보다 주변의 비난에 더 민감하게 반응하는 예민한 아이가 혼나지 않기 위해 자신의 감정을 숨기고 거짓말을 하는 일이 없도록 해야 합니다. 죄책감과 제대로 마주하고 더 적절하게 판단할 수 있도록 가까이에서 도와주도록 합시다.

타인의 말이나 태도를 받아들일지 말지 선택할 수 있다

예민한 아이는 주변 사람들의 말이나 태도 때문에 크게 상처받기도 합니다. 그중에는 '고작 그런 일로?'라고 여길 만한 일도 있습니다. 그래서 예민한 아이는 어릴 때부터 다른 사람들과 관계를 맺는 방법에 대해 이야기하고 **지나치게 상처받지 않는 사고법**을 알려주어야 합니다.

초등학교에서 우리 집 아이 네 명을 가르쳤던 선생님은 매년 다음과 같은 이야기를 반 친구들에게 해주었습니다.

딸이 어느 날 친구에게 바보라는 말을 듣고 와서 울고 있었다. 그때 선생님은 딸에게 이렇게 말했다.
"그래서 넌 너 자신을 바보라고 생각해?"
딸은 잠시 생각한 후에 고개를 가로저었다. 그 모습을 본 선생님은 딸에게 이런 말을 해주었다.
"맞아. 그럼 네가 속상해할 필요가 없지. 이제 그건 너의 문제가 아니라 그 친구의 문제야. 무엇을 받아들이고 무엇을 받아들이지 않을지 네가 정하면 돼."

우리 집에서도 선생님의 이야기를 듣고 여러 번 대화를 나누었습니다. **주변 사람들의 말이나 태도는 자신이 동의하지 않으면 받아들일 필요가 없습니다.** 주변의 생각이나 정보에 휘둘리기 쉬운 예민한 아이에게는 '받아들이지 않는다'라는 선택지가 있다는 사실을 반복적으로 이야기해주어야 합니다.

아이가 주변 사람들의 말을 듣고 속상해하고 있다면 우선 "아, 그래. 슬프구나"라고 공감해준 뒤, 기분이 안정되면 그 말을 받아들일지 아닐지 선택할 수 있다고 이야기해주세요.

스킨십과 공감이 아이의 마음을 진정시킨다

아이의 마음을 진정시키는 데에 가장 효과적인 방법은 **스킨십**과 **공감**입니다. 스킨십은 특히 아이가 어릴수록 효과가 큽니다.

공감은 상대의 입장에서 듣고 느끼는 일입니다. 상대의 마음에 한 발 더 가까이 다가가는 일입니다. 예를 들어 아이가 올라가지 말라고 한 담장에 마음대로 올라가서 떨어져 울고 있을 때 "거봐, 내가 뭐랬어!"라고 혼내는 것은 아이를 더 자극하는 행위입니다. 그게 아니라 우선 "아팠겠다. 무서웠지?"라고 공감해주고 안아주어야 합니다. 그렇게 하면 아이의 마음이 진정됩니다.

다만 공감과 동의는 다릅니다. 공감했다고 해서 아이의 요구를 무엇이든 다 들어주라는 말은 아닙니다. 담장에 올라가도 된다는 메시지를 주어서는 안 됩니다. 아이의 기분이 안정됐을 때 담장에 올라가면 안 된다고 말해줍니다. **아이에게 잘못된 점을 가르쳐주고 이를 받아들이게 하려면 우선 스킨십과 공감을 통해 부모와 아이 사이의 안정감을 되찾아야 합니다.**

부모가 함께 흥분하면 안 된다

아이가 자기 마음대로 일이 되지 않아 화를 낼 때 부모도 '이건 절대 용서할 수 없는 일이야! 확실하게 가르쳐줘야지'라고 생각하며 아이와 함께 흥분하기 쉽습니다.

하지만 **아이에게 배움의 기회를 주려면 부모가 우선 심호흡을 해서 평정심을 되찾고 화를 내는 아이를 진정시켜야 합니다.** 꼭 안아주는 것이 좋지만 아이가 엄마를 때리거나 발로 차는 등 엄마의 스킨십을 거부한다면 "엄마를 아프게 하지 않으면 언제든 안아줄게. 기다리고 있을게"라고 조금 떨어진 곳에서 기다립니다. 물건을 던지거나 부수는 등 위험한 행동은 하지 않는지 옆에서 가만히 의연한 태도로 지켜봅니다.

그러면 아이는 조금씩 안정됩니다. 아이가 먼저 다가와줄지도 모릅니다. 무릎 위에 아이를 앉히고 꼭 안아주거나, 잠시 등을 토닥여주면서 몸을 가볍게 흔들흔들 해주는 것도 좋습니다. 아이가 엄마의 온기를 느끼고 엄마와 이어져 있다는 것을 확인하면 평정심을 되찾을 수 있습니다.

그제야 아이는 '배움을 받아들일 상태'가 됩니다. 그때 훈육을 하거나 앞으로 어떻게 하면 좋을지 이야기해야 합니다. 서양과는 다르게 우리는 안아주는 습관이 없고 아이가 커갈수록 스킨십을 싫어하기도 합니다. 아이가 촉감에 예민할 수도 있지요. 무리해서 꼭 스킨십을 할 필요는 없지만 아이가 흥분했을 때는 공감해주고 가능한 범위 내에서 스킨십을 하면 안정을 되찾는 데 도움이 됩니다.

인간관계에 문제가 생기면 '서로 행복해지는 방법'을 찾는다

친구와 놀다가 다툼이 발생했을 때는 **나와 친구가 모두 행복해지려면 어떻게 하면 좋을지** 이야기를 나눕니다. 그때 다음과 같은 선택지 중에서 고르는 것도 방법입니다.

- 다른 게임이나 놀이를 한다.
- 대화한다.
- 서로 가지려고 다투던 물건을 공유하고 순서를 정해서 사용한다.
- 무시한다.

- 그 장소를 벗어난다.
- 하지 말라고 말한다.
- 사과한다.
- 거래한다.
- 기다리며 마음을 안정시킨다.

'모두와 사이좋게 지낼 필요는 없다' '나를 소중하게 생각하지 않는 사람과는 거리를 두어도 된다' '친구가 많지 않더라도 서로 아껴주는 친구가 한 명이라도 있으면 된다'는 사실을 알려줍니다. 그렇게 말해주면 예민한 아이는 조금 편안하게 친구를 사귈 수 있습니다.

형제자매가 있으면 서로 싸우면서 타인과의 관계에 대해 배웁니다. "서로 행복해질 수 있는 방법을 찾아보자"라고 말하고 서로 폭력을 휘두르지 않는지만 지켜보며 개입하지 않는 것도 방법입니다. 이를 위해서는 평소에 사람들과 대립하거나 다투었을 때 어떤 선택지가 있는지 미리 이야기해둘 필요가 있습니다.

서로 행복해지는 합의점을 찾는다

나의 생각과 감정, 상대의 생각과 감정을 이해하고 서로가 행복해지는 합의점을 찾아야 합니다. **인간관계에 대해 아이와 이야기할 때 어떤 말을 해야 하는지는 '서로가 행복해진다'라는 말에 다 들어가 있습니다.**

상대에게 맞춰주기만 하는 아이가 자신의 생각과 감정을 이해하고 상대에게 전달하는 용기를 낼 수 있도록 도와주어야 합니다. 반대로 자기 생각을 굽힐 줄 모르는 아이는 상대의 생각이나 감정을 이해하도록 이끌어줍니다.

예민한 아이는 상대의 생각이나 감정도 크게 받아들이기 때문에 억누르고 있던 감정이 가정에서 한꺼번에 폭발하거나 격앙되어 동생과 같이 자신보다 약하다고 생각하는 사람에게 지나치게 강압적인 태도를 취하기도 합니다. 예민한 아이가 인간관계 속에서 지치지 않도록 평소에 자신과 상대방이 모두 행복해지는 방법을 고민할 수 있게 계속 격려해주어야 합니다.

노력해서 성공한 경험을 상기시킨다

새로운 일을 앞두고 불안감에 휩싸여 좀처럼 첫걸음을 내딛기가 힘들다.
겨우 시작했는데 작은 어려움이나 난관에 부딪히면 짜증을 내거나 포기해버린다.

예민한 아이들에게서 자주 볼 수 있는 특징입니다. 이때 **선뜻 시작하지 못하고 주저하는 일을 아이가 흥미로워하는 일과 연관 지어서 말해주면 주체적으로 앞으로 나아갈 용기를 얻습니다.** 아이가 지금까지 노력해서 성공했던 경험, 흥미를 느껴 열정적으로 몰두했던 경험을 떠올려보세요. 그러면서 조금씩 발전해온 과정을 아이가 떠올릴 수 있도록 이야기해줍니다.

축구를 좋아하는 막내에게는 축구 이야기를

우리 집 막내는 축구에 푹 빠져 있습니다. 그래서 잘 모르는 사람들과 어울리지 못하거나 어려운 수학 문제가 나와 포기해버릴 때 축구 이야기를 꺼냅니다.

> "축구팀 친구들과도 공을 차면서 조금씩 친해졌잖아. 지금도 비슷한 상황이야. 시간을 들여서 천천히 친해지면 되는 거야."
> "그 어려운 레인보우 플릭 기술을 네가 할 수 있게 되기까지 시간이 얼마나 걸렸지? 오랫동안 조금씩 연습했더니 지금은 잘하게 됐잖아. 이 수학 문제도 똑같아. 여기서 포기하면 영원히 풀 수 없지만, '어떻게 하면 좋을까?' 고민해보고 계속 연습하면 결국 풀 수 있게 될 거야."

그러면 새롭게 무언가를 시작할 때 불안을 크게 느끼는 예민한 아이도 경험을 밑거름 삼아 안심하고 도전할 수 있게 됩니다.

성장형 마인드셋으로 성장할 기회를 손에 넣자

스탠퍼드대학교 심리학과 교수인 드웩 박사는 '능력은 태어날 때부터 정해져 있다'라는 생각을 **고정형 마인드셋**, '능력은 어떻게 하느냐에 따라 향상될 수 있다'라는 생각을 **성장형 마인드셋**이라고 말합니다. 사람은 성장형 마인드셋을 가져야 성장할 수 있지요. 아이가 못하는 부분을 보고 '이 아이의 능력은 여기까지니까 어쩔 수 없어'라고 단정지으면 그 아이가 성장할 기회는 사라집니다.

좀처럼 사람들과 어울리지 못하는 아이를 보고 '우리 애는 이런 거 못해'라고 포기하면 그 아이는 이제 낯선 사람들과 어울리는 기술이나 능력을 익힐 기회를 잃게 되는 것입니다. '계속 도전하면 언젠가는 할 수 있을 거야'라는 마음가짐으로 부모와 손을 잡고 '나도 같이 놀자'라고 친구들에게 말을 걸어보는 등 할 수 있는 만큼의 노력을 꾸준히 한다면 아이는 조금씩 성장합니다.

이 아이는 '그냥' 못하는 것이 아니라 '아직' 못하는 것일 뿐

드웩 박사는 **지금 못한다고 생각하는 일에 '아직'이라는 말을 붙이라고 제안합니다**. '이 아이는 인사를 못해'가 아니라 '이 아이는 아직 인사를 못해'와 같이 바꿔보는 것입니다.

우리 아이들이 다니던 미국 공립초등학교에서도 성장형 마인드셋을 키우기 위한 과제가 나온 적이 있습니다. 못한다고 생각하는 일을 적어보라는 선생님의 말에 학생들은 "테니스를 못해요" "구구단을 못 외워요" "물구나무서기를 못해요" 등 떠오르는 것들을 적어나갔습니다. 다음으로 그 문장에 굵은 글씨로 "아직"yet이라는 말을 추가했습니다.

아이들이 쓴 문장은 "아직 테니스를 못해요" "아직 구구단을 못 외워요"로 바뀝니다. '지금 못한다고 해서 앞으로도 못하는 것은 아니다. 계속하다 보면 할 수 있게 된다'라고 생각이 바뀌면, 할 수 있다는 희망이 생겨 행동으로 옮기기 쉬워집니다.

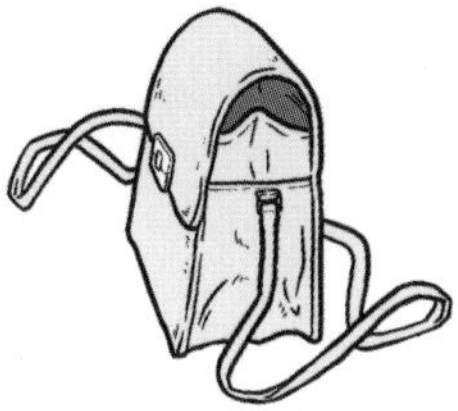

우리 아이가 혼자서는 학교에 갈 수 없다고 생각하지 말고 '아직' 혼자 가지 못하는 것뿐, 자꾸 시도하다 보면 언젠가는 할 수 있다고 생각을 바꾸어보세요. 주변과 비교하지 말고 아이가 첫 걸음을 내디딜 수 있도록 계속 격려하면 언젠가 할 수 있게 됩니다.

학교에 적응할 때까지 다른 사람보다 몇 배나 더 탄탄한 받침대가 필요했던 막내도 지금은 아침에 기분 좋게 집을 나서는 초등학교 4학년이 되었습니다.

예민한 아이의 육아가 편해지는 부모의 자기돌봄

4

바디스캔으로 몸을 이완하면 마음의 긴장도 풀린다

앞 장에서 배운 예민한 아이를 대하는 방법도 부모가 스트레스에 짓눌려 매일 짜증이 난 상태라면 실천하기 쉽지 않습니다. 예민한 아이가 아니더라도 아이와 건강한 관계를 맺으려면 우선 부모가 자신을 먼저 챙겨야 합니다. 여유를 가지고 아이를 대하면 부모의 말이나 마음도 아이에게 잘 전달되고 아이의 행동도 변합니다. 그러면 부모도 아이를 대하기 편해지고 육아에서도 선순환이 발생합니다.

저도 스트레스를 쌓아두는 편이기 때문에 다양한 방법으로 자신을 돌보는 시간을 가졌습니다. 이 장에서는 제가 실천해보고 효과적이라고 느꼈던 방법을 말씀드리겠습니다.

바디스캔으로 몸의 소리를 듣자

15년 정도 전 이야기인데 저는 30대 초반에 공황장애를 앓았습니다. 셋째를 임신했을 때였지요. 매일 밤 발작을 일으켰고 강렬한 공포와 불안감에 휩싸여 가슴이 두근거렸어요. 호흡곤란, 어지러움 등으로 괴로웠습니다.

인지행동 치료 외에도 마음챙김과 같은 자기돌봄 명상이 회복에 많은 도움이 되었습니다. 그중에서도 **바디스캔**이 효과가 가장 컸습니다. 바디스캔 명상은 말 그대로 **스캐너로 자신의 몸을 스캔하듯 신체 여기저기에 의식을 집중해 몸의 소리를 듣고 상태를 알아보는 명상**입니다.

감정과 신체는 서로 이어져 있기 때문에 불안, 걱정, 분노, 놀라움과 같은 강한 감정을 느끼면 신체 곳곳에 평소보다 더 힘이 들어갑니다. 바디스캔을 통해 몸을 점검해보고, 긴장해서 힘이 들어간 부위가 있다면 호흡하며 신체를 이완합니다.

바디스캔을 알고 나서 그제야 이완한다는 감각을 알게 되었습니다. 바디스캔을 일상에서 활용하면서 몸과 마음이 매우 편안해졌지요. 편두통과 어깨 결림도 사라졌습니다. 무엇보다 힘을 빼고 아이를 대할 수 있게 되었다는 사실이 가장 만족스러웠습니다. **부모가 불안**

이나 걱정 때문에 몸에 힘을 주고 있으면 예민한 아이는 부모에게 쉽게 영향을 받아 같이 긴장합니다. 그래서 부모는 편안한 상태에서 아이를 대해야 합니다.

바디스캔은 이렇게 하자

취침 전

조이지 않는 옷을 입고 편안한 장소에 누워 눈을 감습니다. 20~40분 정도 발끝에서 머리끝까지 순서대로 의식을 집중합니다.

발끝, 발목, 종아리, 정강이, 무릎, 허벅지, 엉덩이, 골반, 등 아래쪽, 등 위쪽, 갈비뼈, 배, 횡격막, 가슴, 손끝, 손목, 팔꿈치, 팔, 어깨, 목, 턱, 볼, 입, 코, 눈, 이마, 관자놀이, 정수리. 각각의 부위에 의식을 집중해 느껴지는 감각을 관찰합니다. 온도, 습도, 감촉, 무게감, 매트나 바닥과 닿는 부분의 느낌, 맥박 등을 느껴봅니다.

긴장된 부위로 호흡을 보낸다고 상상하며 숨을 들이마셔봅니다.

다음으로 천천히 숨을 내쉬면서 긴장된 부위가 이완되는 모습을 상상해봅니다. 긴장된 부위마다 세 번 정도 숨을 들이마시고 내쉬기를 반복합니다.

일하는 사이, 무언가에 집중하기 전,
감정이 격해졌을 때

손, 등, 어깨, 목, 턱, 볼, 입술, 혀, 눈, 미간, 관자놀이, 정수리 순으로 의식을 집중하고 숨을 내쉬면서 각각의 부위가 이완되어가는 모습을 머릿속으로 그려봅니다. 30초에서 2분 정도 지속합니다.

우선 자기 전에 시간을 들여 바디스캔을 해보세요. 그러면 단시간에 스캔하는 방법을 익힐 수 있습니다. 스캔 후 30분 정도가 지나고 다시 같은 부위에 의식을 집중하면 그 사이에 또 긴장됐다는 사실을 알게 됩니다. 하루하루를 얼마나 긴장한 상태로 보내고 있는지 느껴질 거예요.

여러 생각이 머릿속에서 맴돌아 잠들지 못할 때는 호흡과 배의 움직임에 집중하는 것도 효과적입니다. 숨을 내쉬면 배가 홀쭉해지고 숨을 들이마시면 배가 불룩해지는 그 움직임에 의식을 집중합니다. 머리에서 몸으로 의식의 흐름을 바꾸면 생각의 늪에서 빠져나올 수 있습니다.

예민한 아이가 무서워서 잠을 이루지 못할 때 이 방법을 사용하면 도움이 됩니다. 예민한 아이는 다른 사람보다 훨씬 상상력이 풍부해서 생각이 꼬리에 꼬리를 물고 이어집니다. 몸에 집중하면 머릿속의 복잡한 생각들에 휘둘리지 않게 되어 마음이 안정됩니다. 꼭 해보시길 바랍니다.

나를 배려하며
스스로 치유한다

나를 돌보는 방법 가운데 매우 효과가 크다고 느꼈던 방법은 **셀프 컴패션**(나를 배려하는 일)입니다. '컴패션'은 연민, 자비라는 의미입니다.

이 명상법은 텍사스대학교 교육심리학자 크리스틴 네프가 학술적으로 정리한 방법으로 우울감·불안·완벽주의 등을 완화하는 효과, 마음을 건강하게 치유하는 효과, 인생에 대한 만족도·행복감·호기심·사회적 유대감을 강화하는 효과 등이 입증되었습니다. 또 역경을 딛고 일어서는 능력인 **회복탄력성**도 키울 수 있습니다.

네프는 자폐증인 아들이 공공장소에서 심하게 떼를 부려 주변에서 "부모는 대체 뭘 하는 거야?"라는 따가운 시선이 쏟아졌을 때 셀프 컴패션의 중요성과 효과를 실감했다고 합니다.

가시방석에 앉은 듯한 기분이었지만 가슴에 손을 얹고 '이 어려운 상황에서도 나는 잘하고 있다'라고 자신을 다독여주었다고 합니다. 그렇게 하면서 편안한 마음으로 아이를 대할 수 있게 되었고 아이도 조금씩 차분해졌다며 자신의 경험을 이야기했습니다.

자신의 마음을 다독이는 셀프 컴패션은 이렇게 **따뜻한 말이나 태도로 자신을 돌보는 일**입니다. 스스로 위로하고 채워주며 다독이다 보면 주변까지도 따뜻하게 배려할 수 있게 됩니다. 주변의 차가운 시선에 위축되고 자신을 부정하기만 한다면 부모와 아이 모두 점점 더 궁지에 몰릴 뿐입니다.

셀프 컴패션 명상법

힘들다는 생각이 들면 가슴, 배, 어깨, 볼 등 자신의 몸을 만져보세요. 자신의 체온을 느끼면 행복 물질이라고 불리는 호르몬인 옥시토신 분비량이 많아진다는 사실이 밝혀졌습니다. 그리고 자기 자신에게 **자비로운 마음**(컴패션)으로 말을 겁니다.

예를 들면 "정말 힘들다. 그치? 하지만 내 나름대로 최선을 다하고 있어. 괜찮아"라고 말입니다. 자기 전에는 "오늘도 수고했어"라고 스스로 격려해줍니다. 뜻대로 되지 않은 일도 있겠지만 잘한 일도 많았을 것입니다. 잘한 일을 인정하고 축하해주면서 내일을 위한 힘을 기릅니다.

소중한 사람에게는 하지 않을 법한 말은 자신에게도 해서는 안 됩니다. 소중한 친구에게 "너 정말 최악이다" "이런 것도 못해? 다른 사람들은 다 할 줄 아는데" "이렇게 하면 나중에 어떻게 될지 안 봐도 뻔하다" 등의 말은 하지 않을 것입니다. 자신을 무의식중에 깎아내리거나 부정적으로 바라보는 경우가 많지만, 중요한 사람을 대할 때와 마찬가지로 자신의 마음을 이해해주고 다정하게 보듬어주어야 합니다. **자기 자신을 따뜻하고 여유로운 마음으로 대하다 보면 자연스럽게 아이에게도 따뜻하고 여유롭게 대할 수 있게 됩니다.**

화가 나면 행동하기 전에 숨을 고른다

아이를 키우다 보면 아이의 말과 행동에 대해 다양한 생각이나 감정이 들 때가 있습니다. 때때로 짜증, 분노, 불안, 걱정이 커져 부정적인 감정에 사로잡히기도 합니다. 이러한 상태에서 아이를 대하면 큰 소리를 내게 되고 엄하게 혼내거나 체벌을 하게 됩니다.

아이에게 화를 내고 분노를 드러내는 행동을 반복하다 보면 부모 스스로 자기혐오에 빠져 육아에 대한 자신감을 잃어버립니다.

한편 부모의 생각이나 기분에 쉽게 영향을 받는 예민한 아이는 한층 더 두려움을 느껴 자신의 감정을 쌓아두거나 쌓아두었던 감정을 폭발시키기도 합니다. 그러다 보면 부모는 더욱 위축되고 육아를 고 생으로 여기게 되는 악순환으로 이어집니다.

그렇게 되지 않도록 **우선 부정적인 감정을 드러내기 전에 잠깐 멈추고 마음을 진정시킨 뒤 행동하도록 노력해야 합니다.** 예를 들면 아침에 나가기 직전까지 준비를 미루는 아이에게 "왜 이렇게 꾸물거려! 이제 제발 좀 움직여!"라고 화를 내고 싶겠지만 꾹 참고 잠깐 숨을 고릅니다. 그런 다음 "8시에 집을 나서려면 지금 무엇을 하면 좋을까?"라고 질문형으로 대화를 한다면 아이도 자신의 행동을 돌아보게 되어 상황을 개선할 수 있습니다.

목표는 짜증 내지 않는 것이 아니라 짜증을 상대에게 발산하지 않는 것이다

여기서 기억해야 하는 사실은 분노나 짜증과 같은 감정을 부정할 필요는 없다는 점입니다. 다양한 생각을 하고 여러 감정을 느끼는 것은 매우 자연스러운 일입니다. 2장에서도 언급했듯이 긍정적인 감정과 부정적인 감정이 균형을 이루는 상태가 건강한 상태입니다.

목표는 '짜증내지 않는다' '화내지 않는다'가 아니라 '짜증이나 화가 난 채로 행동하지 않는다' '상대에게 분노나 짜증을 발산하지 않는다'가 되어야 합니다.

이럴 때 잠깐 숨 고르기를 하면 도움이 됩니다. 그 방법을 몇 가지 소개하겠습니다.

심호흡

여섯까지 세면서 숨을 내쉬고 셋을 세면서 숨을 들이마십니다. 숨을 멈춘 뒤 다시 셋을 셉니다. 이를 여러 번 반복합니다. 심호흡은 부교감신경을 활성화해 이완 상태로 만드는 효과가 있습니다.

바디스캔

앞서 말했듯이 생각이나 감정은 몸의 감각과 밀접하게 관련이 있습니다. 짜증이나 분노, 불안감을 느낄 때 몸의 다양한 부위, 예를 들면 주먹이나 어깨, 미간, 혀 등에 힘이 들어갑니다. 그때 몸을 스캔해서 긴장된 부위를 내쉬는 숨과 함께 이완합니다.

마음챙김

마음챙김mindfulness은 1960년대에 미국의 의사가 참선에서 종교색을 배제해 개발한 명상법입니다. 최근에는 영국과 미국의 공공기관, 구글·나이키와 같은 대기업, 이치로(일본 야구의 전설이라고 불리는 인물)나 마이클 조던 등 일선에서 활약하는 유명인도 멘털 트레이닝 방법으로 활용하고 있습니다.

'감정은 부정하거나 억누르려고 하면 더 강해진다'라는 것이 마음 챙김의 개념입니다. **효과적으로 감정을 잘 다스리려면 자신이 느끼는 감정을 그대로 인정해야 합니다.** '이러한 감정을 가지면 안 된다'거나 '이러한 감정을 느끼다니 나는 부모로서 자격이 없다'라고 감정 자체를 부정하거나 자책하지 말고, '나는 지금 매우 짜증이 났다' '나는 화가 났다'와 같이 일단 그러한 감정을 느끼는 자신을 관찰하고 그대로 인정합니다.

자신을 관찰하는 연습을 꾸준히 하다 보면 화가 난 채로 행동하기 전에 '아, 내가 많이 화가 난 상태구나'라고 알아차리게 됩니다. 자신의 감정을 알게 되었다면 잠깐 멈추고 마음을 가라앉히며 기분을 전환합니다.

주변의 아이들과 비교하지 말고 눈앞의 아이에게 집중하자

예민한 아이를 키우는 부모는 주변 사람들이 하는 육아 이야기에 공감할 수 없을 때가 많습니다. 육아 고민을 털어놓으면 "애들은 다 예민하지" "이렇게 착한데 뭐가 고민이야?"라며 은근히 네가 지나치게 신경 쓴다는 식으로 말하거나 "과보호 아냐?" "다 받아주지 말고 네가 단호하게 하면 오히려 정신 차리고 잘할 거야"라며 육아 방식에 대해 비판하는 사람도 있지요. 예민한 아이의 부모는 이렇게 자신의 고민을 공감해주지 않는 주변 사람들 때문에 자꾸 상처를 받습니다.

여기서 잊지 말아야 할 점은 5명 중 1명, 즉 20퍼센트가 예민한 아이라는 사실입니다. 예민하지 않은 80퍼센트의 아이를 키우는 부모는 예민한 아이를 키워본 경험이 없으니 이해하지 못하는 것이 당연합니다. 여기저기서 접할 수 있는 육아 정보도 마찬가지입니다. 육아 비법이라고 하는 정보는 다수를 위한 정보입니다.

저는 주변의 공감을 얻지 못해 상처를 받을 때마다 20퍼센트라는 숫자를 떠올렸습니다. **매우 예민한 아이는 인류에게 다양성을 부여하는 소수의 존재라고 생각하기 시작했습니다.**

예민한 아이를 키우는 부모는 다수의 주변 사람들과 비교하지 말고 눈앞에 있는 아이를 잘 보고 그 아이에게 맞는 육아를 해야 합니다. 만약 주변의 조언이나 의견이 내 아이 육아에 방해가 된다면 그 사람과는 거리를 두는 것도 하나의 방법입니다.

상대가 가족이거나 직장 동료여서 물리적으로 거리를 두기가 힘들 수도 있습니다. 그렇다면 3장에서 말씀드렸던 것처럼 상대가 하는 말을 받아들이지 않는다는 선택을 하면 됩니다. 그 사람과는 육아에 관한 이야기는 하지 않는 편이 좋습니다.

내가 어떤 사람들과 관계 맺고 있는지 다시 점검하기

아이를 키우는 엄마 약 2천 명을 대상으로 실시한 애리조나대학교의 연구에 따르면 주변에서 부모를 너그럽게 포용해줄 때 부모도 아이에게 관대해진다고 합니다.

공공장소에서 아이가 떼를 부리는 상황을 상상해보세요. '애가 저렇게 우는데 빨리 달래야지. 뭐 하고 있는 거야?' '가정교육을 어떻게 하는 거야?' 등 주위의 차가운 시선을 느끼면 엄마도 아이에게 "그만 좀 울어!"라고 화를 내고 목소리를 높이게 됩니다. 반면 주변에서 '애가 우는 건 어쩔 수 없지'라거나 '애들이 다 그렇지'라고 공감하는 눈빛으로 바라봐준다면 엄마도 차분하고 따뜻하게 아이를 대할 수 있습니다.

그래서 예민한 아이의 부모는 자신이 어떤 관계 속에 있는지 다시 생각해야 합니다. **도움이 되지 않는 조언이나 행동에 휘둘리는 자신의 모습을 발견한다면 '받아들이지 않는다'는 결정을 할 필요가 있습**

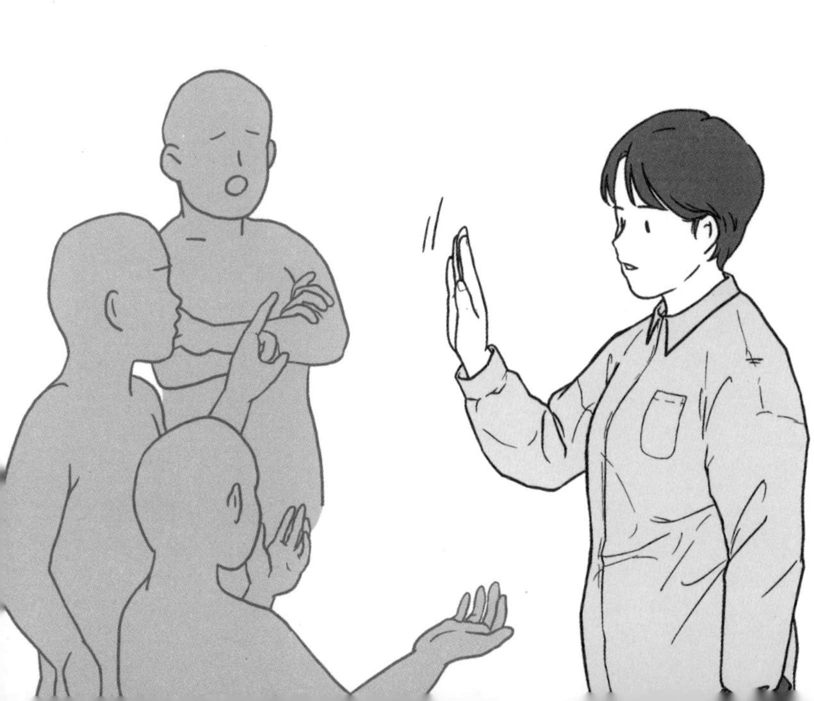

니다.

지금은 예민한 아이나 등교를 거부하는 아이의 부모 모임도 늘고 있습니다. 그러한 모임에 참여해 생각이나 감정을 편안하게 공유하고 아이를 더욱 너그럽게 대할 수 있도록 부모 자신을 점검하는 시간이 필요합니다.

후회나 미래에 대한 걱정은 그만하고 지금 행동으로 옮기자

이 책을 포함해 이 세상에는 육아 정보가 넘쳐납니다. 거기에 나오는 내용을 제대로 실천하지 못했다고 해서 '나는 안 돼' 하며 침울해하는 분들도 계시겠지요. 그때 떠올렸으면 하는 세 가지를 소개하겠습니다.

① 실천하지 못하더라도 알고 있기만 해도 도움이 된다

가령 행동으로 옮기지 못한다고 하더라도 적절한 대응법을 알고 있는 것과 모르는 것은 큰 차이가 있습니다. 대응법을 모르는 것은 칠흑같이 어둡고 거친 파도가 치는 바다에서 그저 허우적거리는 상태입니다. 반면 **대응법을 아는 것은 물속에서 허우적거리고 있지만 등대가 빛을 비춰주는 상태**입니다. '저쪽으로 헤엄쳐서 나가면 되는구나' 하고 해결 방법을 찾을 수 있습니다. 어디로 가야 하는지 아느냐 모르느냐에 따라 몸과 마음의 안정감도 완전히 달라집니다.

② 사소한 변화도 칭찬해주자

이 세상에 완벽한 사람은 없습니다. 완벽하게 해내겠다는 목표를 세우지 않아도 됩니다. 예전에는 못했던 일을 지금 할 수 있게 된 것만으로도 큰 발전입니다. **감정을 분출하기 전에 잠깐 멈춰서 숨 고르기를 하는 횟수가 한 번이라도 늘었다면 그것도 엄청난 변화입니다.** 그렇게 나아진 부분을 생각하며 자기 자신에게 잘했다고 칭찬해줍니다. 자신이 잘하는 일을 찾아내서 칭찬하는 습관을 들이면 아이를 대할 때도 아이가 잘하는 일을 발견해 응원해줄 수 있게 됩니다.

③ 과거를 후회하고 미래를 걱정하기보다 지금 구체적인 행동을 하자

과거에 한 행동이나 이미 일어난 일을 후회하고 아직 일어나지도 않은 일을 걱정할 바에는 그 시간과 에너지를 현재에 쏟았으면 합니다. 지금 이 순간에도 육아의 선순환을 만들어낼 기회가 있습니다. 고민하고 생각하는 것만으로는 아무런 변화도 일어나지 않습니다. 생각을 행동으로 옮겨 조금씩 변화를 만들어가야 합니다.

감정을 초기화하기

아이를 키울 때는 매일 다양한 일이 일어납니다. 아이의 말과 행동에 화가 나고 짜증이 나서 모두 다 내던져버리고 싶을 때도 있습니다. 그때는 아이가 **가장 소중하게 느껴졌던 순간**을 떠올려보세요.

세미나에서 이런 말을 하면 많은 부모가 아이가 아프거나 다쳤을 때를 떠올립니다. 그 당시 이 아이가 얼마나 소중하게 느껴졌는지, 눈앞에 있는 것만으로도 얼마나 감사했는지 그때 감정에 대해 이야기합니다.

우리 집에서도 첫째가 30미터 정도 되는 절벽 위에서 발을 헛디뎌 급경사면을 따라 굴러떨어진 적이 있었습니다. 나무에 부딪혀 손목이 복합골절 되었습니다. 응급실에서 의사가 엑스레이 사진을 보며 "손목이 엄청난 충격을 받았네요. 손목이라서 다행입니다"라고 말하던 순간이 떠오릅니다. '만약 충격을 받은 곳이 목이었다면, 머리였다면……' 하고 생각하니 더 큰 부상이 아니어서 오히려 감사한 마음이 들었고 바닥에 엎드려 절이라도 하고 싶은 심정이었습니다.

육아가 힘든 날에는 가슴에 손을 얹고 아이가 다쳤던 날을 생각하며 그때의 감정을 떠올리곤 합니다. 그러면 아무리 우울한 날이라고 하더라도 아이들을 꼭 안아주며 사랑한다는 말을 해주고 싶어집니다. 좀처럼 기분이 나아지지 않을 때 이 방법을 꼭 써보시기 바랍니다.

맺음말

첫 아이를 낳고 20년 가까이 다섯 아이를 키웠지만 아이 때 모습을 보고 그 아이의 미래를 고민할 필요는 없다고 느꼈습니다. 아이는 계속 성장합니다. 지금 시도 때도 없이 울고 겁이 많다고 해서 커서도 쉽게 상처받는 어른으로 자라라는 법은 없습니다. 지금 도무지 감당하기 어려울 정도로 떼를 쓴다고 해서 자제력이 없고 제멋대로인 어른이 되는 것은 아닙니다.

예민한 아이는 풍부한 감수성을 활용해 믿음직스러운 사회인으로 성장할 수 있습니다. 2장에서 소개했던 아이의 내면에서 뿜어져 나오는 '좋아!'라는 감정은 예민한 아이를 성장시킵니다. 일상에서 주변의 엄청난 자극에 휘둘리기 쉬운 예민한 아이도 푹 빠져서 할 수 있는 일을 찾으면 흔들리지 않는 중심축을 가질 수 있게 됩니다.

어릴 때 울기만 하고 지나치게 겁이 많았던 첫째는 열아홉 살이 된 지금, 어린 시절을 회상하며 이런 말을 합니다.

"어릴 때 영화나 TV에 나오는 영웅들이 너무 좋아서 매일 영웅 놀이를 했었어. '영웅은 이럴 때 울지 않지'라고 생각하며 울음을 그치기도 했고, '영웅들은 이런 사소한 일로 속상해하지 않을 거야'라면서 마음을 다잡았어."

영웅을 동경하던 첫째는 중학교와 고등학교 때 비행기 사고 구조대에 들어갔습니다. 눈 덮이고 길이 없는 산에서 식량도 자급자족하며 추락한 비행기를 탐색하는 훈련을 받았습니다. 그리고 고등학생 때는 초·중·고등학생의 로봇공학 활동을 지원하는 NPO를 설립했고 구급대원 국가자격증도 취득해 대학 진학 전 1년 동안 구급 대원으로 일하며 독립해서 생활했습니다. 제가 맺음말을 쓰고 있는 지금은 미국 메릴랜드주에서 알래스카주까지 약 687킬로미터를 3개월 동안 자전거로 여행하는 중입니다. 가을에는 컴퓨터과학과 천체물리학을 배우는 대학 생활이 시작됩니다.

열네 살 때 HSP 자가진단 테스트에서 거의 만점을 받았던 둘째는 타인의 감정이나 시선에 매우 민감하게 반응했고 주변의 생각에 휘둘리는 경우가 많았습니다. 그래도 여러 각도에서 생각하는 것을 좋아했지요. 고등학교에서는 다양한 주제에 대해 선생님이나 친구들과 함께 의견을 말하는 토론을 즐겼고, 자기 생각을 주변 사람들에게 확실하게 전달하는 힘을 길렀습니다.

식물과 자연을 좋아하는 둘째는 올해 열일곱 살로 고등학교를 졸업하고 가을부터 대학에서 환경과학과 인지과학을 공부할 예정입니다.

완벽주의 성향이 있고 떼를 심하게 부렸던 셋째는 중학교에 들어가서 달리기에 빠졌습니다. 작년 미국에서 일본으로 이사하기로 결정되었을 때에도 가장 먼저 "육상클럽 찾아줘!"라고 말했습니다. 도쿄에 있는 육상클럽에 미리 문의해 이사한 지 한 달도 되지 않았을 무렵부터 클럽 연습에 참여했지요. 마침 여름방학 중이라 셋째가 바다를 건너 일본이라는 새로운 곳에서 또래 아이들을 만나는 것도, 전철을 타고 연습하러 가는 것도 처음이었습니다. 평소에는 새로운 일, 익숙하지 않은 일에 압박감을 느끼고 좀처럼 행동으로 옮기지 못했던 셋째도 '뛰는 게 너무 좋아!'라는 간절한 마음이 있었기 때문에 적극적으로 나설 수 있었던 것입니다. 그 결과 여러 코치와 수십 명의 아이가 참여하는 육상클럽이라는 커뮤니티나 미국과는 크게 다른 일본의 환경에도 자연스럽게 녹아들었습니다. 무언가를 좋아하는 마음이 새로운 환경과 사람과의 관계에 잘 적응할 수 있도록 도와준 것입니다.

유치원 졸업반일 때 선생님께 “필요한 말 이외에는 하지 않습니다”라는 말을 들었던 넷째는 유소년기 때부터 상상하며 놀기를 좋아했습니다. 초등학교 6학년이 된 지금도 손에 든 돌이나 펜이 등장하는 이야기를 만들며 상상력을 펼칩니다. 옆에서 보면 별것 아닌 듯 보이는 일에 상처를 받아 숨어서 훌쩍이며 울 때도 있었지만 혼자 마음껏 상상하면서 스스로 감정을 다스립니다. 지금은 사람들에게 “항상 웃고 있네”라는 말을 듣습니다. 최근에는 “나중에 발명가가 되고 싶어!”라고 말하며 가족들을 놀라게 하기도 했습니다.

유치원에 가기 싫다고 몇 달을 버티다가 결국에는 심한 틱 증상까지 생겨 유치원을 그만두고 초등학교 1학년까지 저와 함께 등교하던 막내는 초등학교 4학년이 된 지금 축구를 사랑하는 아이로 자랐습니다. 3학년 때 코치가 “축구 시합을 많이 보는 게 좋아”라는 말을 한 이후로 매일같이 유튜브로 전 세계 축구 시합을 시청합니다. 그중에서도 특히 아르헨티나 출신 축구 선수 리오넬 메시에 푹 빠져 있습니다. 메시가 힘차게 필드를 누비며 마법같이 공을 자유자재로 다루는 모습, 자신을 막으려는 선수들을 잇달아 제치고 믿을 수 없는 각도에서 골을 넣는 모습에 감동하면서 많은 영향을 받았습니다. 축구뿐만 아니라 일상생활 속에서도 메시의 모습을 떠올리며 힘을 얻는다고 합니다. 축구에 대한 열정이 생활 전반에 활력을 불어넣고 다른 모든 일에 의욕을 가져다주고 있는 것입니다.

주변의 자극에 압도되어 몸이 굳어버리는 예민한 아이에게는 내면에서 뿜어져나오는 '좋아!'라는 감정이 돌파구가 된다는 생각이 들었습니다. 좋아하는 감정이나 그러한 감정을 느끼는 대상을 중심으로 인생을 꾸려나가게 됩니다. 예민한 아이뿐만 아니라 모든 아이에게 그러한 인생이야말로 가장 만족스러운 인생이 아닐까요?

아이는 성장합니다. 최신 연구에 따르면 어른의 뇌도 어떤 체험을 하는지에 따라 조금씩 변화한다는 사실이 밝혀졌습니다. 하물며 아이는 폭발적으로 성장하는 중이기 때문에 그 변화는 실로 엄청난 것입니다. 아이가 지닌 잠재력을 믿고 힘닿는 만큼 지지해주는 부모가 되시기를 바랍니다.

나가오카 마이코

유아 육아스튜디오 웹사이트
http://kosodatekyua.com

예민한 아이를 키우는 엄마의 불안이 사라지는 책
예민한 아이 다섯 명을 키운 육아 컨설턴트 엄마의 육아법

초판 1쇄 발행 2022년 3월 31일

지은이 나가오카 마이코
옮긴이 이효진
본문 일러스트 김지윤

펴낸이 김진규
경영지원 정동윤
책임편집 김정희

펴낸곳 (주)시프 | 출판등록 2021년 2월 15일(제2021-000035호)
주소 경기도 고양시 덕양구 권율대로668 티오피클래식 209-2호
전화 070-7576-1412
팩스 0303-3448-3388
이메일 seepbooks@naver.com

ISBN 979-11-977377-5-6 03590